网络综合布线技术教程

黄 为 著

北京工业大学出版社

图书在版编目（CIP）数据

网络综合布线技术教程 / 黄为著 . — 北京 ： 北京
工业大学出版社，2019.10（2021.5 重印）
　ISBN 978-7-5639-6794-0

　Ⅰ . ①网… Ⅱ . ①黄… Ⅲ . ①计算机网络－布线－教
材 Ⅳ . ① TP393.03

中国版本图书馆 CIP 数据核字（2019）第 083991 号

网络综合布线技术教程

著　　者：黄　为
责任编辑：张　娇
封面设计：点墨轩阁
出版发行：北京工业大学出版社
　　　　　（北京市朝阳区平乐园 100 号　邮编：100124）
　　　　　010-67391722（传真）　bgdcbs@sina.com
经销单位：全国各地新华书店
承印单位：三河市明华印务有限公司
开　　本：710 毫米 ×1000 毫米　1/16
印　　张：10.75
字　　数：215 千字
版　　次：2019 年 10 月第 1 版
印　　次：2021 年 5 月第 2 次印刷
标准书号：ISBN 978-7-5639-6794-0
定　　价：45.00 元

前　言

随着"互联网＋"、大数据、云计算时代的来临，人类社会从各行各业到日常生活都离不开计算机网络，网络平台建设是一项重要且专业性很强的工作。网络综合布线是智能建筑的"中枢神经系统"，是建筑智能化必备的基础设施。它支持电话及多种计算机数据系统，还支持会议电视、监视电视等系统，并将建筑物内部的话音交换智能数据处理设备及其他广义的数据通信设施连接起来，采用必要的设备同建筑物外部数据网络线路相连接，因此，网络综合布线较好地解决了分散布线方式的不兼容性等问题。网络综合布线系统是一种包含着多种先进技术的高技术系统，是一种提供各种服务项目的公共服务系统，是一种需要专业人员安装、管理、维护的专业系统。结构化网络综合布线系统是信息管理系统的通用平台，是向所有具有通信要求的设备提供通信线路的最底层的系统，布线系统的先进性、灵活性和可扩充性将极大地影响整个信息管理系统的灵活性与扩充能力。

本书主要内容如下：第一章对网络综合布线系统的发展历程、标准以及发展趋势进行了介绍；第二章对网络综合布线传输介质和常用器材及工具进行了介绍；第三章对网络综合布线系统设计技术进行了介绍；第四章对网络综合布线系统施工设计进行了介绍；第五章对网络综合布线系统的测试与验收进行了介绍；第六章列举了网络综合布线系统设计的案例。

本书按照职业岗位进行能力分解，确定知识点，分析典型工作任务要求的综合能力、专业能力、社会能力、关键能力。按照工作过程的理论知识、操作步骤、评价标准，规范出"教、学、做"三位一体的教学情境，无论是理论课堂还是实训课堂都采用任务驱动和项目导向的教学模式，学生以工作任务为载体学习相关知识和技能。本书较全面地介绍了网络综合布线系统的设计原理、施工方法、测试步骤以及典型工程实例。通过本书的学习可使学生建立网络综合布线技术的基本概念，掌握网络综合布线系统的工程设计方案，从而成为综合布线工程技术人才。

　　本书共六章约 22 万字，由佛山市华材职业技术学校黄为撰写。希望本书能成为专业爱好者和从业者的良师益友。由于时间仓促，加之学识有限，书中难免存在不足和疏漏之处，恳请广大读者批评指正。

黄　为

2019 年 1 月

目　录

第 1 章　网络综合布线系统概述

　　网络综合布线系统是通信技术和建筑工程项目有效结合的产物。布线系统通常指依据统一的技术标准，以系统的科学原理与结构化方法为基础，实现建筑物与建筑群间所有系统有关通信线路的设计和布置等。目前，网络的综合布线已经成为综合布线系统的主要组成部分。

1.1　网络综合布线系统的发展历程、特点及组成

1.1.1　综合布线系统的发展历程

　　目前，在商用建筑布线工程的实施上，往往遵循结构化布线系统（Structured Cabling System，SCS）标准。结构化布线系统是仅限于电话和计算机网络的布线，它的产生是随着电信技术的发展而出现的。当建筑物内的电话线和数据线缆越来越多时，人们需要建立一套完善可靠的布线系统，以对成千上万的线缆进行端接和集中管理。结构化布线系统的代表产品称为建筑与建筑群综合布线系统（Generic Cabling System，GCS），通常所说的综合布线系统就是指结构化布线系统。

　　综合布线系统的发展与楼宇自动化系统密切相关。早在 20 世纪 50 年代初期，一些发达国家就在高层建筑中采用电子器件组成控制系统把各种仪表、信号灯以及操作按键通过各种线路连接到分散在现场各处的机电设备上，用来集中监控设备的运行情况，并对各种机电系统实现手动或自动控制。由于电子器件较多且线路又多又长，因而控制点数目受到很大的限制。随着微电子技术的发展，以及建筑物功能的日益复杂化，到了 20 世纪 60 年代末，开始出现数字式自动化系统。

　　20 世纪 70 年代，楼宇自动化系统迅速发展，开始采用专用计算机系统进

行管理、控制和显示。20 世纪 80 年代中期，伴随着超大规模集成电路技术和信息技术的发展，出现了智能化建筑物。

1984 年，首座智能建筑在美国出现后，传统布线的不足就日益暴露出来，如电话电缆、有线电视线缆、计算机网络线缆等，都是由不同的厂商各自设计和安装，采用不同的线缆及终端插座，各个系统互相独立。由于各个系统的终端插座、终端插头、配线架等设备都无法兼容，所以，当设备需要移动或因技术发展而需要更换设备时，就必须重新布线。这样，既增加了资金的投入，也使得建筑物内线缆杂乱无章，增加了管理和维护的难度。随着全球社会信息化与经济国际化的深入发展，人们对信息共享的需求日益迫切，这就需要一个适合信息时代的布线方案。

美国电话电报公司（AT&T）贝尔实验室的专家们经过多年的研究，在该公司的办公楼和工厂试验成功的基础上，于 20 世纪 80 年代末期，在美国率先推出了结构化布线系统，其代表产品是建筑物结构化布线系统（Systimax Premises Distribution System）。该系统在我国国家标准《综合布线系统工程设计规范》（GB/T 50311—2016）中，被命名为综合布线系统。近年来，随着我国经济的高速发展和国力日渐强盛，各种高层建筑和现代化的公共建筑不断涌现，尤其是作为信息社会象征之一的智能建筑，备受用户关注。为了满足客户的需要，适应通信、计算机及有关技术（如控制技术和图形显示技术）相互融合的发展趋势，加快通信网数字化、智能化、自动化和综合化的进程，要求在现代化建筑中广泛采用综合布线系统。

综合布线系统已成为我国现代化建筑工程中的热门课题，也是建筑工程和通信工程设计及施工中相互结合的一项十分重要的内容。

1.1.2 综合布线系统的特点

在现代建筑物中，为了满足信息传输与楼宇管理的需要，除了需要计算机网络系统外，还需要电话系统、视频系统、监控系统、消防系统及能源控制系统等。

综合布线同传统的布线相比较，有着许多优越性，是传统布线所无法相比的，其特点主要表现在它具有兼容性、开放性、灵活性、可靠性和经济性，而且在设计、施工和维护方面也给人们带来了许多方便。

1. 兼容性

旧式建筑物中提供的电话、电力、闭路电视等服务，每项服务都要使用不同的电缆及开关插座。例如，电话系统采用一般的对绞线电缆，闭路电视系统采用专用的视频电缆，计算机网络系统采用同轴电缆或双绞线电缆。各个应用系统的电缆规格差异很大，彼此不能兼容，因此只能独立安装各个系统，导致布线混乱无序，影响到建筑物的美观和使用。

过去，为一幢大楼或一个建筑群内的语音或数据线路布线时，往往采用不同厂家生产的电缆线配线插座以及接头等。例如，用户交换机通常采用双绞线，计算机系统通常采用粗同轴电缆或细同轴电缆。不同的设备使用不同的配线材料，而连接这些不同配线的插头、插座及端子板也各不相同，彼此互不兼容。一旦需要改变终端机或电话机位置时，就必须敷设新的线缆，以及安装新的插座和接头。综合布线将语音、数据与监控设备的信号线经过统一的规划和设计，采用相同的传输媒体、信息插座、交连设备、适配器等，把这些不同信号综合到一套标准的布线中。

这种布线比传统布线大为简化，可节约大量的物资、时间和空间。在使用时，用户可不用定义某个工作区的信息插座的具体应用，只把某种终端设备（如个人计算机、电话、视频设备等）插入这个信息插座，然后在管理间和设备间的交接设备上做相应的接线操作，这个终端设备就被接入各自的系统中了。

综合布线系统采用标准的、统一的布线材料和接续设备，能满足不同生产厂家终端设备的需要，使语音、数据和视频信号均能在一个系统中高质量地传输。

2. 开放性

综合布线系统采用开放式体系结构，符合多种国际现行标准，几乎对所有厂商的产品都是开放的，如计算机设备、交换机设备等，并支持所有通信协议，如 ISO/IEC8802-3、ISO/IEC8802-5 等。

3. 灵活性

传统布线系统的体系结构是固定的，不会考虑设备的搬迁或增加，当设备搬移或增加后必须重新布线，耗时费力。综合布线系统采用模块化设计，所有设备的开通及变动均不需要重新布线，只需增减相应的设备并在配线架上进行必要的跳线管理即可。综合布线系统的组网也灵活多样，同一房间内可以安装多台不同的用户终端，如计算机、电话和电视等。

综合布线系统采用标准的传输线缆和相关连接硬件，模块化设计。因此所有通道都是通用的。另外，组网也可灵活多样甚至在同一房间可有多用户终端，以太网工作站、令牌环网工作站并存，为用户组织信息流提供了必要条件。

4. 可靠性

传统布线方式的各个系统独立安装，往往因为各应用系统布线不当造成交叉干扰，无法保障各应用系统的信号高质量地传输。综合布线的所有线缆和相关连接器件均通过国际标准化组织（ISO）认证，每条通道都要经过专业测试仪器对链路的阻抗、衰减及串扰等各项指标进行严格测试，以确保其电气性能符合认证要求。此外，综合布线的应用系统全部采用点到点端接，任何一条链路故障均不影响其他链路的运行，从而保证了整个系统的可靠运行。

5. 经济性

综合布线系统考虑了建筑内设备的变更及信息技术的发展，因此可以确保大厦建成后的较长一段时间内满足用户应用不断增长的需求，从而节省了重新布线的额外投资。

从投资方面讲，初期投资综合布线要比传统布线高，但从远期投资角度分析，考虑到今后的发展，增加一些费用，势必会减少将来的运行费用和变更费用。美国一家调查公司对 400 家大公司的 400 幢办公大楼在 40 年内各项费用的比例情况的统计结果表明，初期投资（即结构费用）只占 11%，而运行费用占 50%，变更费用占 25%。由此可见在初期投资阶段，采用综合布线系统是明智之举。

从技术与灵活性方面讲，综合布线就更加具有优势，主要表现在：采用标准的综合布线后，只需将电话或终端插入墙壁上的标准插座，然后在同层的跳线架做相应跳接线操作，就可解决用户的需求；当需要把设备从一个房间搬到另一层的房间时，或者在一个房间中增加其他新设备时，同样只要在原电话插口做简单的分线处理，然后在同层配线间和总设备间做跳线操作，很快就可以实现这些新增加的需求，而不需要重新布线。

如果采用光纤、超 5 类或 6 类线缆混合的综合布线方式，可以解决三维多媒体的传输和用户的需求，可以实现与全球信息高速公路的接轨。

1.1.3 综合布线系统的组成

综合布线系统又称开放式布线系统，它采用一系列高质量的标准材料，以模块化的组合方式，把语音、数据、图像和信号控制等系统用统一的传输介质，经过统一的规划设计，综合在一套标准的布线系统中，为现代建筑的信息传输和系统集成提供物理介质。综合布线系统由不同系列和规格的部件组成，包括传输介质（如双绞线、光缆）、相关连接硬件（如配线架、连接器、插座、适配器）和电气保护设备等。它能同时支持语音、数据、图像、多媒体业务等信息的传递。

综合布线系统采用模块化结构，国家标准《综合布线系统工程设计规范》（GB50311—2007）将其划分为 7 个子系统，分别是工作区子系统、水平子系统、垂直子系统、设备间子系统、建筑群子系统、进线间子系统和管理间子系统。

1. 工作区子系统

在综合布线系统中，一个独立的需要设置终端设备（TE）的区域被划分为一个工作区，如办公室、作业间、机房等需要电话、计算机或其他终端设备的场所。工作区子系统由水平子系统的信息插座模块延伸到终端设备处的连接缆线及适配器组成。

工作区子系统常见的终端设备有计算机、电话机、传真机和电视机等，因此工作区对应的信息插座包括计算机网络插座、电话语音插座和有线电视插座等，并配有相应的连接线缆。需要注意的是，信息插座尽管安装在工作区，但它属于水平子系统的组成部分。

将工作区的终端设备与信息插座连通的最简单方法是用跳线，如计算机可用两端带连接插头（RJ45）的双绞线直接插接到信息插座上。有些终端设备由于插头和插座不匹配，或线缆阻抗不匹配，不能直接插到信息插座上，这就需要选择适当的适配器进行转换，使工作区的终端设备与水平子系统的线缆保持电气兼容性。

2. 水平子系统

水平子系统也称配线子系统，由工作区的信息插座模块、信息插座模块至楼层配线间的电缆和光缆、配线间的配线设备及跳线等组成。

楼层配线间是放置电信设备、网络设备、电缆或光缆配线设备并进行缆线交接的专用空间，是水平子系统和干线子系统端接的场所。水平子系统常用的配线设备是楼层配线架、楼层配线设备（FD）、建筑物配线设备（BD）和建筑群配线设备（CD）。

水平子系统常用的线缆是 4 对屏蔽或非屏蔽双绞线，对于高速通信应用，水平子系统也可以使用光缆构建一个光纤到桌面的传输系统。

3. 垂直子系统

垂直子系统也称干线子系统，是综合布线系统的数据流主干，所有楼层的信息流需要通过水平子系统汇聚到垂直子系统。垂直子系统由设备间至楼层配线间的干线光缆或电缆、安装在设备间的建筑物配线设备及设备缆线和跳线等组成。

垂直子系统一般采用大对数双绞线电缆或光缆，两端分别端接在设备间和楼层配线间的配线架上。垂直子系统一般采用垂直路由，干线线缆沿着垂直竖井布放。

4. 设备间子系统

设备间是在每幢建筑物的适当地点进行网络管理和信息交换的场所。

对于综合布线系统设计，设备间主要用于安装建筑物配线设备。此外，电话交换机计算机网络设备（如网络交换机、路由器）等公用设备及入口设施也可安装在设备间子系统。

为便于设备搬运、节省投资，设备间的位置最好选定在建筑物的第二层或第三层。

5. 建筑群子系统

建筑群子系统由连接多个建筑物之间的主干电缆和光缆、建筑群配线设备及设备缆线和跳线组成。

建筑群子系统提供了楼群之间通信所需的硬件，包括电缆、光缆以及防止电缆上的脉冲电压进入建筑物的电气保护设备。它常用大对数电缆和室外光缆作为传输线缆。

6. 进线间子系统

进线间是建筑物外部通信和信息管线的入口部位，并可作为入口设施和建筑群配线设备的安装场地。

7. 管理间子系统

管理间子系统主要对工作区、电信间、设备间、进线间的配线设备、缆线和信息插座模块等设施按一定的模式进行标识和记录，方便识别和统一管理。

从功能及结构来看，综合布线系统的 7 个子系统密不可分，组成了一个完整的系统。如果将综合布线系统比喻为一棵树，则工作区子系统是树的叶子，水平子系统是树枝，干线子系统是树干，设备间、进线间子系统是树根，管理间子系统是树枝与树干、树干与树根的连接处的标示。工作区内的终端设备通过水平子系统、干线子系统构成的链路通道，最终连接到设备间内的应用管理设备。

此外，根据建筑物大小的不同和布线需要，楼层配线设备可以经过主干缆线直接连至建筑群配线设备，信息插座模块也可以经过水平缆线直接连至建筑物配线设备。水平子系统中可以设置集合点（CP），也可不设置。

综合布线系统自问世以来已经历了几十年的历史，随着信息技术的发展，布线技术不断推陈出新，与之相适应，布线系统相关标准也得到了不断发展与完善。国际电工委员会（IEC）、欧洲电工标准化委员会（CENELEC）和美国国家标准局（American National Standards Institute，ANSI）都在努力制定更新的标准以满足技术与市场的需求。我国国家质量技术监督与住房和城乡建设部也根据我国国情力求与国际接轨，并制定了相应的综合布线标准，促进和规范了我国综合布线技术的发展。

1.2　网络综合布线标准

1.2.1 国际标准

综合布线标准基本上都是由具有相当影响力的国际或大国标准组织制定的，如美国通信工业协会/电子工业协会（Telecommunication Industry Association/Electronic Industry Alliance，TIA/EIA）、国际标准化组织/国际电工委员会（International Organization for Standardization/International Electrotechnical Commission，ISO/IEC）、欧洲电工标准化委员会、电子电气工程师协会（Institute of Electrical and Electronic Engineers，IEEE）等，其他各国基本上是等效采用相关的国际标准。

1. 美国标准

综合布线标准最早起源于美国，美国电子工业协会负责制定有关界面电气特性的标准，美国通信工业协会负责制定通信配线及架构的标准。设立标准的目的是，建立一种支持多供应商环境的通用电信布线系统；可以进行商业大楼结构化布线系统的设计和安装；建立综合布线系统配置的性能和技术标准。

（1）TIA/EIA 568-A

1991 年美国国家标准局发布了 TIA/EIA 568 商业建筑线缆标准，经改进后于 1995 年 10 月正式将 TIA/EIA 568 修订为 TIA/EIA 568-A 标准。该标准规定了 100 Ω 非屏蔽双绞线（UTP）、150 Ω 屏蔽双绞线（STP）、50 Ω 同轴线缆和 62.5/125 μm 光纤的参数指标，列出了 3 类、5 类线的物理和电气性能指标，明确了对布线的具体操作规范，并公布了相关的技术公告文本（Technical System Bulletin，TSB），如 TSB67、TSB72、TSB75、TSB95 等，同时还附加了非屏蔽双绞线信道在较差情况下布线系统的电气性能参数。在这个标准后，还有 5 个增编，分别为 A1~A5。

美国国家标准局是国际标准化组织的主要成员，在国际标准化方面扮演着重要的角色。美国国家标准局布线的标准主要由 TIA/EIA 制定，TIA/EIA 标准在全世界起着综合布线产品的导向工作。

（2）TIA/EIA 568-B

美国国家标准局于 2002 年发布了 TIA/EIA 568-B 标准，以此取代 TIA/EIA 568-A 标准。该标准由 B1、B2、B3 三个部分组成。

①第一部分 B1 是一般要求，着重于水平和主干布线拓扑、距离、介质选择、工作区连接、开放办公布线、电信与设备间、安装方法以及现场测试等内容，它集合了 TSB67、TSB72、TSB75、TSB95，TIA/EIA 568-A2、A3、A5，TIA/EIA IS729 等标准中的内容。

②第二部分 B2 是平衡双绞线布线系统，着重于平衡双绞线电缆、跳线、连接硬件的电气和机械性能规范，以及部件可靠性测试规范、现场测试仪性能规范、实验室与现场测试仪比对方法等内容，它集合了 TIA/EIA 568-A1 和部分 TIA/EIA 568-A2、TIA/EIA 568-A3、TIA/EIA 568-A4、TIA/EIA 568-A5、TIA/EIA IS729、TSB95 标准中的内容。还有一个增编 B2.1，这是第一个关于 6 类布线系统的标准。

③第三部分 B3 是光纤布线部件标准，用于定义光纤布线系统的部件和传输性能指标，包括光缆、光跳线和连接硬件的电气与机械性能要求、器件可靠性测试规范、现场测试性能规范等。

（3）TIA/EIA 568-C

新的 TIA/EIA 568-C 版本系列标准已发布。TIA/EIA 568-C 分为 C.0、C.1、C.2 和 C.3 共 4 个部分，C.0 为用户建筑物通用布线标准，C.1 为商业楼宇电信布线标准，C.2 为平衡双绞线电信布线和连接硬件标准，C.3 为光纤布线和连接硬件标准。

2. 欧洲标准

英国、法国、德国等国于 1995 年 7 月联合制定了综合布线的欧洲标准（EN 50173），供欧洲一些国家使用，该标准在 2002 年做了进一步的修订。

1.2.2 国内标准

我国国内的综合布线标准分为国家标准和通信行业标准。我国国家及行业综合布线标准的制定，使我国综合布线走上标准化轨道，促进了综合布线在我国的应用和发展。

1. 国家标准

2016 年 8 月，我国住房和城乡建设部颁布了国家标准《综合布线系统工程设计规范》（GB 50311—2016）和《综合布线系统工程验收规范》（GB 50312—2016），并于 2016 年 4 月执行。

《综合布线系统工程设计规范》和《综合布线系统工程验收规范》参考了国际上综合布线标准的最新成果，对综合布线系统的组成、综合布线子系统的组成、系统的分级等进行了严格的规范，新增了 5 类、6 类和 7 类铜缆相关标准内容，是我国目前综合布线最主要的两个国家标准，是强制性标准。

2. 行业标准

国内权威的综合布线行业标准是工业和信息化部于 2009 年颁发的通信行业标准《大楼通信综合布线系统》（YD/T 926—2009），它包括以下 3 部分内容。

（1）第 1 部分（YD/T 926.1—2009）

本部分规定了大楼综合布线系统的总体结构与配置、性能要求、试验方法与验证程序等，包括对称电缆布线和光缆布线。

（2）第 2 部分（YD/T 926.2—2009）

本部分规定了综合布线中的水平布线和主干布线子系统用电缆、光缆的主要技术要求和试验方法。

（3）第 3 部分（YD/T 926.3—2009）

本部分规定了综合布线连接硬件和接插软线的主要机械物理性能、电气特性、光学特性和试验方法。

1.3　网络综合布线的发展趋势

1.3.1 集成布线系统

西蒙公司根据市场的需要，1999 年年初推出了整体大厦集成布线（Total Building Integration Cabling，TBIC）系统。TBIC 系统扩展了结构化布线系统的应用范围，以双绞线、光缆和同轴电缆为主要传输介质支持话音、数据及所有楼宇自控系统弱电信号远传的连接。为大厦敷设一条完全开放的、综合的信息高速公路。它的目的是为大厦提供一个集成布线平台，使大厦真正成为即插即用大厦。

集成布线系统的基本思想是，能否使用相同或类似的综合布线思想来解决楼房自控制系统的综合布线问题，使各楼房控制系统都像电话/计算机一样，成为即插即用的系统。

西蒙公司对集成布线系统做了如下的几点说明。

1. TBIC 系统的现状及问题

各弱电系统的共性是布线系统。传统上大楼内部不同的应用系统（如电话、网络系统及楼宇自控系统）在不同的历史时期都有自己独立的布线系统，相互间也无关联。系统的设计、施工上也是完全分离的。这一过程好像很简单，管理也容易，但在运行阶段，若要增强新系统或系统扩展就很困难，因为所有的线缆都是有特定的用途的。布线系统缺乏通用性及快速灵活的扩充能力。

结构化布线系统的诞生解决了电话和网络系统的综合布线问题。它独立于应用系统，支持多厂商和多系统应用，配置灵活方便，满足现在及未来需要。现在结构化布线已成为一个国际标准，为大楼提供了综合的电信系统的支持服务。

再看楼宇内其他子系统，如空调自控系统、照明控制系统、保安监控系统等，仍然采用分离的隶属于各在用系统的布线。这一现状与结构化布线系统产生之前的电话与网络布线是类似的——布线系统缺乏开放性、灵活性和标准化。这种布线方式往往是从电力线布线变革来的，明显带有工业化时代的痕迹。

科技的发展是阶跃式的，只有人们感到了问题的存在才会有新生的解决方案。目前这种分离布线的局面有许多问题，如以下几点。

①增加新系统及控制点数要重新布线。

②集成网络要求集成布线来支持。

③越来越快的数据传输速度要求高速传输线缆。

自控系统一直在向网络系统靠拢，随着网络传输速度的不断加快，控制系统对网络速度的要求也会越来越快。因此它需要被纳入网络布线系统进行综合考虑，具体有以下几点。

①共享传感器（如空调自控系统和照明控制系统共享传感器）需要灵活配置布线。

②数字化趋势将使低层的传感器／执行器越来越多地参与数字传输。

③个人环境控制系统。

2. TBIC 系统的作用和意义

（1）对大楼论证期的支持

①系统集成支持。在当今系统集成技术尚不成熟的条件下，使大楼具备将来不断装备新系统的能力是 TBIC 系统的功能之一。

业主可根据大楼具体特点、资金到位情况及当时技术水平合理选择系统，综合考虑哪个系统要用以及何时用等关键问题，同时不必忧虑未来扩充及采用新技术需要。因为集成布线为大厦提供了一个即插即用的物理平台。随着科技发展，许多全新的应用系统会陆续出现，集成布线即插即用的功能使增强新系统成为一件简单的事情。

②有利于公平竞争。统一布线平台使属于同一应用系统的不同承包商之间的报价更具有可比性，使系统选择更加透明，从而简化了系统选择。

③使业主拥有更大的自主权。有一著名的市场销售案例：一家剃须刀厂商免费发送剃须刀，当产品被市场接受以后，提高刀片价格，使用户花更多的钱去买厂商的专利刀片。统一开放式的布线平台使应用系统更换、升级换代具有更大的选择性。TBIC 系统把选择产品的更大的自主权还给用户，有利于消除"骑虎难下"的被动局面。

（2）对大楼设计期的支持

设计师统一考虑大楼的布线方案，这有利于统筹兼顾整个大厦的互连要求，站在系统的高度设计布线，对线缆之间进行统一设计，充分地利用资源，保护用户投资。同时这对设计也提出了更高的要求。

（3）对大楼施工期的支持

①布线系统施工。一个布线施工队伍进行统一布线施工，使用相同的线缆和走线方式，不仅降低了材料和人工的综合费用，而且大大减少了不同施工队在同一时间和同一地点施工的概率，减少了由此带来的施工管理上的困难。

②应用系统施工。对应用系统来说，管线施工是一件低效费时的工作，现在全委托给同一个施工队进行统一施工，这样有利于提高工作效率，使土建→布线→设备安装这一施工过程层次更加分明。集成布线系统使施工管理更加线性化。这一阶段的关键是如何协调各应用系统施工队之间的配合。这对集成布线系统承包商也提出了更高的要求。

（4）对大楼运行及维护期的支持

①单一布线系统使培训费用降低。

②所有线缆具备可管理性，有利于快速查找系统故障点。

③线缆可重复使用。

④增加新系统易如反掌。

3. 系统造价与工业标准

（1）系统造价

价格是大楼业主最关心的要素之一。根据西蒙公司在美国市场的估算，TBIC 系统使业主减少了相对于传统布线系统的 10%~20% 的投资，若算上整个生命周期中节约的费用，相信会超过 30%。

（2）工业标准

TBIC 系统正逐渐成为一种国际潮流，越来越多的厂家和标准化组织已意识到集成布线系统的重要性和必要性。美国楼宇工业通信服务国际协会已在着手制定相应的标准及设计安装手册。ISO/IEC 也正在准备颁布集成布线系统的标准。西蒙公司是这些标准化组织的积极成员，TBIC 系统是与这些即将颁布的标准兼容的。

1）系统组成及拓扑结构

主子系统的物理拓扑结构仍采用常规的星形结构，即从主配线架（MC）经过互连配线架（IC）到楼层配线架（HC），或直接从主配线架到楼层配线架。水平系统从楼层配线架配置成单星形或多星形结构。单星形结构是指从楼层配线架直接连到设备上，而多星形结构通过另一层星形结构——区域配线架（Zone Cross-connect，ZC），为应用系统提供了更大的灵活性。

2）长度限制要求

主配线架与任何一个楼层配线架之间的距离不能超过 3000 m——单模光纤、2000 m——多模光纤、800 m——UTP/SCTP 电缆。互联配线架与任何一个楼层配线架之间的距离不能超过 500 m。

无论使用哪种传输介质，从互联配线架到信息出口的最大距离不能超过 90 m。整个水平通信的最大传输距离为 100 m。

3）子系统

与综合布线系统相比，各子系统是一致的。唯一区别是在 TBIC 系统中针对楼宇自控系统的应用，允许使用区域配线架来取集合点。

4）区域配线架

区域配线架为水平布线的连接提供了更灵活、方便的服务。它类似集合点的概念，而且可以与集合点并排安装在同一地点。区域配线架的主要用途是连接楼宇控制系统的设备，而集合点用于连接信息出口/连接器。

区域配线架允许跳线，安装各种适配器和有源设备，而集合点不能。有源设备包括各种控制器、电源和电气设备。

从区域配线架到现场设备的连接可用星形、菊花链或任何一种连接方式，它是自由拓扑结构。

这给出了许多现场信号（如消防报警信号）、更大的自由度去按照本系统要求进行连接。

区域配线架安装位置有以下的各种因素需要考虑：楼层面积、现场设备数量、有源设备及电源要求、连接硬件种类、对保护箱的要求、与集合点并存。

区域配线架应安装在所服务区域的中心位置附近，这有利于减少现场电缆长度。

5）现场设备的连接

根据现有的系统应用，现场设备连接可分为两种：第一种是星形连接方式，也就是设备直接通过水平线缆连接到楼层配线架或区域配线架；第二种是自由连接方式，一些现场设备可使用桥式连接或 T 形连接至区域配线架，这种自由连接方式只能用于连接区域配线架与现场设备。从楼层配线架到区域配线架或从楼层配线架到现场设备的连接必须使用星形连接方式。

6）楼控系统控制盘位置

网络化的控制器可用一个信息插座来连接，也可以直接连到区域配线架或集合点上。若使所有设备连接并具有最强的灵活性，各应用系统的控制器（如 DDC 控制器）应靠近区域配线架或楼层配线架，因为控制器处于布线连接的中心位置。

7）共用线缆

当布线系统支持多种应用时，如语音、数据、图像以及所有的弱电控制信号等，一根线缆支持多种应用是不允许的。应用独立的线缆支持某一特定应用。例如，当使用 2 芯线来连接一个特定的现场设备时，4 对非屏蔽双绞线电缆中剩余的 6 芯线不可用于其他应用，但可用于支持同一应用系统的其他用途，如作为 24 V 电源线等。

8）连接硬件

每个用于连接水平布线或垂直布线的连接硬件应支持某些具体应用系统。

当现场设备具备 RJ45 或 RJ 插孔时，应选用主配线架系列的、具备相同或更高传输特性的连线。主配线架系列连接线分 T568A 和 T568B 两种不同的标准型，可被用作连接系统控制器和操作员工作站，或其他标准的网络节点的场所。当用于连接其他现场设备（如传感器和执行器等）时，信息模块可省略，将 24 AWG 双绞线直接连在这些设备上。多数的现场设备的连接使用压线螺丝与电缆直接连接方式。一些电缆压线端子和压线针也可作为辅助连接，当使用高密度的连接硬件连接语音/数据系统和楼宇自控系统时，在连接硬件上必须明确划分应用系统区域，并将它们分离开来。对于不同应用系统电缆的管理，可使用带不同颜色的标签和插入模块进行分辨。

9）特殊应用装置

所有用于支持特殊应用的装置必须安装在水平和垂直布线系统之外。这些装置包括各种适配器。用户适配器可用于转换信号的传输模式（如从平衡传输到不平衡传输）。例如，一个基带视频适配器可对摄像机所产生的视频信号进行转换，然后在 100 Ω 的非屏蔽双绞线上传输。以作者对集成布线系统应用的了解，其在应用上并不广泛，应用案例非常少，原因在哪里？集成布线系统的基本思想是好的，但投资大，有的子系统可能用不了，使业主增加了投资。如何对集成布线系统获得更大的市场应用，是目前迫切需要解决的问题。

1.3.2 智能小区布线系统

1. 智能化建筑和小区的发展概况

（1）房屋建筑的类型

房屋建筑是科学技术和文化艺术相结合的产品，以房屋建筑的使用对象和功能性质来划分，基本分为以下几种。

①工业建筑：包括各种不同工业系统生产企业的厂房、料仓、库房和其他辅助建筑以及高耸构筑物等（如水塔、烟囱等）。

②民用建筑：包括住宅建筑和公共建筑。

③军事建筑。

④农业建筑。

⑤其他建筑：如电视塔等建筑。

民用建筑所属范畴较为广泛，目前我国民用建筑分为住宅建筑和公共建筑两类。

住宅建筑是供居民生活起居的房屋建筑的统称，如一般居民住宅、公寓式住房以及高级别墅等都包括在内。

居民住宅建筑按我国《住宅设计规范》（GB 50096—2011）中楼层的层数规定划分为以下四种。

①低层住宅建筑：1 层至 3 层，最高高度在 10 m 左右。

②多层住宅建筑：4 层至 6 层，最高高度在 20 m 左右。

③中高层住宅建筑：7 层至 9 层，最高高度在 30 m 左右。

④高层住宅建筑：10 层至 30 层，最高高度在 90 m 左右。

居民住宅建筑一般不宜超过 30 层，这是从有利于居民日常生活、保证居民安全和节约建设投资等综合因素来考虑的。对于 30 层以上的超高层房屋建筑中的通信线路，应注意采取特殊的加固技术措施，以保证缆线安全和牢固稳定，确保通信畅通无阻和应急通信需要。

公共建筑又称公用建筑，按其使用功能不同可分为以下几种。

①交通运输公共建筑：包括航空港、火车站、汽车站、沿海或内河客货运港区等房屋建筑以及其他辅助设施用房。

②广播、电视、新闻通信出版和通信公共建筑，包括广播或电视大楼、新闻通信出版事业的业务楼和通信枢纽局站等公共房屋建筑及其辅助设施用房。通信枢纽局站公共建筑又可细分为邮政通信枢纽楼（包括邮件自动分拣中心）、电信通信综合枢纽楼、国际通信局、长途电信枢纽楼、市内电话局、无线通信局站和邮政局站及其辅助设施用房。

③文教卫生公共建筑，包括文化娱乐、教育、科研、体育和医疗卫生机构等房屋建筑及其辅助设施用房。

④商业贸易金融公共建筑，包括高级商业城购物中心超级市场、一般商场、商业贸易公司、银行、证券交易所、保险公司等房屋建筑及其辅助设施用房。

⑤旅游事业公共建筑，包括高级宾馆、饭店、酒楼、渡假村和其他旅游设施等的房屋建筑及其辅助设施用房。

⑥行政办公公共建筑，包括党政机关、群众团体和公司总部的办公大楼以及办公、贸易、商务兼有的综合业务楼或租赁商厦等。

⑦其他事业（如气象中心等）公共建筑。

（2）智能化建筑

在 20 世纪 80 年代以前，我国绝大多数的房屋建筑因受国家经济实力和科技水平等诸多因素的限制，在房屋建筑建设时，电话、电视（包括共用天线和有线电视）等各种管线基本上是采取明敷方式，煤气管线也没有同步安装。此外，因电力不足，屋内外电力网络也很落后。对已建成的建筑进行改建时，经常要打洞凿眼、明敷穿放管线，使房屋建筑千孔百疮，既有碍于建筑物内部美观，又影响建筑物结构强度。由于我国幅员辽阔、各地经济发展差别较大，以通信领域来说，直到 20 世纪 80 年代后期，国内各地房屋建筑中的通信设施基本为话音设备，且建筑物内暗敷管线都未配套建设。

1993 年 10 月，我国工业和信息化部发布的《城市住宅区和办公楼梯电话通信设施设计标准》（YD/T 2008—1993）中明确规定，自 1994 年 1 月 1 日起新建的中高层、高层住宅建筑和办公楼等公共建筑内，应配置电话暗敷管线系统。同时，国内的房屋建筑中采用的楼宇设备不多，且基本是人工监控，毫无自动化程度的管理维护方式，更谈不到智能化。相反，经济发达的国家，在 20 世纪 50 年代，兴建不少新式大型高层建筑，为了增加和提高建筑物的使用功能和服务水平，提出楼宇自动化的要求，在建筑物内部装设各种仪表控制装置和信号显示等设备，并要求采用集中控制和监视，以便于运行操作和维护管理。因此，这些设备需分别设置独立的传输线路，将分散在建筑物内设置的设备连接起来组成各自独立的集中监控系统，这种线路一般称为专业布线系统。

20 世纪 80 年代以来，随着科学技术的不断发展，各种类型的房屋建筑的服务功能日益增多，客观要求逐渐提高，传统的专业布线系统已经不能满足使用要求，作为现代化信息社会象征之一的智能化建筑必须率先建成，以计算机、通信、控制和图形显示（即"4C"）多种学科相互融合集成装备组成整体。因此，大大提高房屋建筑的自动化程度，使其真正具有智能化的功能，也必然加快通信网络的数字化、宽带化、自动化、综合化、个人化和智能化的进程。为此，美国在 20 世纪 80 年代后期率先研究和推出综合布线系统，以代替传统的专业布线系统，该系统成为智能化建筑中重要的基础设施之一。

智能化建筑具有多门学科互相融合且需集成等显著特点。由于发展历史较短，但发展速度很快，国内外对智能建筑的定义有各种描述和不同理解，尚无统一的确切概念和标准。智能化建筑是将建筑、通信、计算机网络和监控等各方面的先进技术相互融合、集成为最优化的整体，具有工程投资合理、设备高度自控、信息管理科学、服务优质高效、使用灵活便利和环境安全舒适等特点，是能够适应信息化社会发展需要的现代化新型建筑。

在国内有些场合把智能建筑统称为智能大厦，从实际工程分析，这一名词的定义不太确切。因为高楼大厦不一定需要高度智能化，相反，不是高层建筑却需要高度智能化，如航空港、火车站、江海客货运港区和智能化居住小区等房屋建筑。目前，国内有关部门在文件中明确称为智能化建筑或智能建筑，其名称较确切，含义也较广泛，与我国具体情况是相适应的。

（3）智能化小区

一个城市市区是由很多街坊（又称街区）组成的，街坊一般是指在城市中由有路名的骨干道路或自然分界线（如河流、城墙或公园及绿化带等）围合、划分的建筑用地。街坊的性质较为广泛，在我国城市中一般有以下几种类型。

第一种，居住区街坊。居住区街坊有时称居民区街坊或住宅区街坊，它是城市居民居住生活的聚居地。街坊内除主要有满足城市居民居住生活基本需要的住宅建筑外，还必须有配套建设与居住人口规模相对应的公共建筑，区内道路和公共绿地等设施以适应城市居民物质和文化生活的需要。通常一个街坊是由一个居住区组成，有时，因居住区街坊的范围较大，而居住区面积较小，也有两个及以上的居住区组成一个街坊。

第二种，商住区街坊。商住区街坊一般位于城市中繁华街道或新建市区的区域中心附近，街坊的四周分界线有一边或多边是城市主干道路，其两侧都是商业、贸易和金融等公共建筑，平时人口极为密集且流动频繁。在区域的其他边界道路或街坊内不是商业区域，有大量城市居民居住的住宅建筑。因此，商住区街坊是由部分商业区和部分居住区混合组成的。商住区街坊一般在旧城市市区中的繁华地区，或主干道路的两侧较为常见。这种街坊一般没有或很少配套建设与居住人口规模相适应的公共建筑、区内道路和公共绿地等设施，这是因为繁华地区土地珍贵，人口稠密，且都位于城市旧区，改建极为困难的缘故。

第三种，文教区街坊。文教区街坊一般处于城市的边缘区域或安静市区，这些区域基本为高等学府、科研院所和医疗机构等单位。文教区街坊常常由上述一个单位或几个单位组成，在街坊内除主要有教学、科研和医疗等公共活动和业务需要的大型房屋建筑（如教学楼、科研楼和病房大楼等）外，有时在街坊内还布置有上述单位的生活区和居住用房（如食堂、学生宿舍等）。目前文教区街坊中一般都建有配套的，且有相当完备的公共建筑（如图书馆、电影院、俱乐部和会议厅等）、区内道路和公共绿地等设施，在高等院校内还设有体育场（馆）等活动场所。因此街坊内用地范围较大、总平面布置较为整齐合理，工作、学习和生活环境都极为宁静整洁，尤其是新建城市和规划市区更具有代表性。

第四种，商贸区街坊。商贸区街坊均处于城市中心最繁华的地段，街坊的四周分界线都为城市的主干道路，道路的两侧和街坊内建有商业、金融和宾馆等大型公共建筑，因此街坊内基本没有或很少有居民住宅建筑。

第五种，工业区街坊。工业区街坊是工业城市的重要组成部分，由于工业企业的生产性质、工艺流程和规模范围各不相同，厂区布置有很大差别，多数工业企业将生产厂区单独形成工业区街坊。在一些特大型或大型工业企业，一般将工业生产区和职工生活区分开，组成两个及以上的互相邻近或相距不远的街坊，对于职工生活区的街坊可按居住区街坊考虑，工业生产区的街坊应按工业区街坊对待。

第六种，特殊性质的街坊。特殊性质的街坊一般是在当地城市中由重要房屋建筑或公用设施组成，具有独立性的街坊如长途汽车站、火车站、航空港、沿海或内河港区（包括码头等）等重要建筑。此外，还有高新科技园区或商务中心区等特殊性质的街坊。由于上述特殊性质的街坊的使用功能有所不同，其总平面布置也有很大区别，必须区别对待。

目前，智能化小区以居住区、商住区和文教区等街坊为主，本书主要以居住区街坊为重点进行叙述。其他性质和类型的街坊因情况较为复杂，应根据实际情况来考虑。

《城市居住区规划设计标准》（GB 50180—2018）中规定，按居住户数或人口规模城市居住区分为居住区、居住小区和居住组团三级。在城市建设规划时，可根据不同性质城市和市区街坊特点组成不同的组织结构，一般有居住区—居住小区—居住组团；居住区—居住组团；居住小区—居住组团和独立式居住组团等多种类型。目前，居住小区有时简称小区或称社区，尚无统一定义。

随着现代化信息社会的迅速发展，人类必须不断提高工作效率和生活水平，要求在任何时刻与外界联系获得各种信息，消灭在外工作和家中生活的界限，并要求社会提供各种服务，这就是说人们在居住区中同样像在智能化建筑中一样得到相同的服务效果。所以智能化小区也必须是利用现代"4C"技术，通过有效的传输网络将各种信息服务与管理、物业管理与安全防卫、住宅智能化系统集成，为智能化小区的服务与管理提供高新技术的自动化和智能化手段，以期实现快捷、优质、高效和超值的服务与管理，提供安全、舒适和方便的居住（家居）环境。

2. 智能化建筑和小区的系统组成和基本功能

（1）智能化建筑的系统组成和基本功能

智能化建筑的系统组成和基本功能主要由三大部分构成，即楼宇自动化（又称建筑自动化，BA）、通信自动化（CA）和办公自动化（OA），这三个自动化通常称为"3A"，它们是智能化建筑中最重要的，而且必须具备的基本功能。目前有些地方的房地产开发公司为了突出某项功能，以提高建筑等级和工程造价，又提出防火自动化（FA）和信息管理自动化（MA），形成"5A"

智能化建筑。甚至有的文件又提出保安自动化（SA），出现"6A"智能化建筑，但从国际惯例来看，防火自动化和保安自动化均放在楼宇自动化中，信息管理自动化已包含在"6A"内，通常只采用"3A"的提法，为此，建议今后应以"3A"智能化建筑提法为宜。

（2）智能化小区的系统组成和基本功能

随着信息网络时代的迅速到来，智能化建筑是这一时代的必然产物，它适应了社会信息化与经济国际化的需要。应该说智能化建筑的范围在我国日益扩大和普及，人们逐渐需要随时随地得到各种信息从而产生信息普遍化和家庭化的倾向，这样对于住宅建筑的要求不仅是住，而且要求在这个空间中生活学习和工作，享受各种生活、办公及信息服务，获取各种信息。此外，通过楼宇自动化的拓宽和发展，住宅服务自动化成为提高现代人家居生活质量的重要手段，这就是从零散的智能化建筑逐渐向建筑群体的智能化小区的必然发展过程。

由于智能化小区的建设是一项跨行业、多学科的高新科学技术系统工程。目前，在国内处于刚刚起步阶段，缺乏较为成熟的工程经验，尚需经历不断探索、继续开发和逐步拓宽的过程。

智能化小区一般是以住宅建筑为主体，其他为公共服务设施的房屋建筑。因此，其系统组成和基本功能与智能化建筑有些区别，且因智能化小区工程建设刚刚启动，对于它的系统组成和基本功能尚无统一的标准，所以系统分类和包含内容也不一致，目前尚难用一个较为完整的方案作为示范。

3. 综合布线系统在智能建筑中的作用

由于当今的智能建筑是集房屋建筑，以及通信、计算机和自动控制等多种高新科技之大成，所以在智能建筑工程中包含的项目内容较多，不是过去一般的土木建筑工程可以相比的。在智能建筑中都需要设置综合布线系统，其为信息网络系统的组成部分，而且是智能建筑中的神经系统之一，是信息网络系统的关键环节。综合布线系统在智能建筑中的主要作用有以下几点。

（1）综合布线系统是智能建筑内部联系和对外通信的传输网络

综合布线系统是智能建筑内部和对外并重的通信传输网络，以便内部或对外进行通信。因此，除在智能建筑中是内部信息网络系统的组成部分外，对外还必须与公用通信网连接成整体，成为公用通信网的基础网络，又是全程全网最靠近用户的末梢段落。为了满足智能建筑与外界联系传输信息的需要，综合布线系统的网络组织方式、各种性能指标和有关技术要求，都应服从公用通信网的有关标准和规定要求。

（2）综合布线系统是智能建筑中连接各种设施的传输媒介

综合布线系统把智能建筑内的通信、计算机、各种自动化系统的设施以及设备，根据相互配合和有关技术要求，在一定条件下（如符合通信线路路由、设备位置和技术指标等要求）纳入并相互连接，形成完整配套的有机整体，以实现高度智能化的要求。由于综合布线系统能适应各种设施当前需要和今后一定时期的发展，具有兼容性、可靠性、使用灵活性和管理科学性等特点，所以它是智能建筑中能够保证高效优质服务的基础设施之一。在智能建筑中如果没有信息网络系统的综合布线系统，各种设施和设备因无传送信息的传输媒介连接而无法正常运行，难以实现智能化的性能，这时智能建筑是一幢只有空壳躯体，实用价值不高的土木建筑，也就不能称为智能建筑。在建筑物中只有配备了综合布线系统，才有实现智能化的可能性，这就是智能建筑工程中的关键内容。

在智能建筑工程中因有综合布线系统，必然会增加工程建设费用，根据国内以往工程的实测数据，投资费用占智能建筑总造价的 1% ~ 3%，个别情况不会超过 5%，投资费用相对是较少的。但是设置综合布线系统后，必然会使建筑物增加实用功能和提高使用价值。因此，国内外的有关部门与工程各界对综合布线系统的应用和发展，都是极为关注的。

（3）综合布线系统能适应今后智能建筑发展需要

众所周知，房屋建筑工程是百年大计，其使用寿命较长，一般都在几十年以上，甚至近百年或超过百年。因此目前在规划和设计新的房屋建筑时应有长期性的考虑并能够适应今后的发展需要。由于综合布线系统采用积木式结构，模块化设计，实施统一标准，具有较高的适应性和灵活性以及可靠性，能在今后相当时期满足客观发展需要和通信技术进步。为此，在新建的高层建筑或重要的公共建筑中应根据建筑物的使用对象和业务性质以及今后发展等各种因素，积极采用综合布线系统。对于近期确无需要或因其他条件限制，暂时不准备设置综合布线系统的建筑物，应在工程中考虑今后设置综合布线系统的可能性，在主要通道或路由等关键部位，适当预留空间（包括房间）洞孔和线槽，以便今后安装综合布线系统时，避免临时打洞凿眼或拆卸地板及吊顶等装置，且可防止影响房屋建筑结构强度和内部环境装修美观度。

（4）综合布线系统是与智能建筑融合成为整体

综合布线系统在智能建筑内和其他管线一样，都是附属于建筑物的基础设施，为智能建筑的业主或用户服务。因此，综合布线系统和房屋建筑彼此既是结合形成的不可分离的整体，也是不同类型和性质的工程建设项目。因此，综合布线系统分布在智能建筑内部，必然会有相互融合的需要，同时又有可能产生彼此矛盾的问题。所以，在综合布线系统的工程设计、安装施工和使用管理的过程中，都应与建筑工程的设计、施工和管理等有关单位保持密切联系，配合协调，寻求妥善合理的方式来处理工程中的问题，以满足各方面的需要。

4. 综合布线系统在智能化小区中的作用

综合布线系统在智能化小区中的作用，与智能建筑基本相同或类似，同样是小区内部联系和对外交流的通信传输网络；它是连接各种设施的传输媒介。这就是说综合布线系统是居住小区内的信息网络系统的主要传输通道，最大的作用是把居住小区内所有房屋建筑和各种公用设施连接成整体。

根据居住小区实际需要，以信息网络系统传输通道为物理纽带，连接各个智能化子系统，通过和依托小区物业管理中心的计算机系统为中心，组成管理和服务的物理平台，向居住小区内所有住户提供多种功能服务，没有综合布线系统等传输通道是无法实现的，其作用显而易见，与在智能建筑中所起作用相比，确有一定差别，主要是有了综合布线系统，使居住小区内各种公用设施和相关的子系统组织在一起，便于物业管理单位统一管理、提高工效，得以充分发挥整个小区所有设施的总体效果，这是综合布线系统具有关键性的作用，也体现出信息网络系统蕴藏着巨大的潜在能力。

第 2 章　网络综合布线传输介质和常用器材及工具

在计算机与计算机网络连网时，会遇到通信线路与通道传输问题。网络通信线路的选择必须考虑网络的性能、价格、使用规则、安装的容易性、可扩展性等因素。本章主要阐述网络综合布线传输介质、网络综合布线常用器材与工具。

2.1　网络综合布线传输介质

2.1.1 双绞线电缆

1. 双绞线电缆简介

双绞线由两根具有绝缘保护功能的铜导线组成，其原理是把两根绝缘铜导线按一定的密度互相扭绞在一起，一根导线在导电传输中辐射出的电磁波会被另一根导线上辐射出的电磁波抵消，从而减少信号辐射影响的程度。

双绞线一般由两根 22 号、24 号或 26 号的绝缘铜导线相互缠绕而成。双绞线电缆（也称为双扭线电缆）内不同线对具有不同的扭绞长度，通常扭绞长度为 38.1 ～ 140 mm，按逆时针方向扭绞。相临线对的扭绞长度在 12.7 mm 以上，一般扭线越密，其抗干扰能力越强。

双绞线电缆广泛应用于传统的通信领域。在计算机网络通信的早期阶段，点到点的传输方式使用的都是双绞线电缆。随着技术的进步，双绞线电缆所能支持的通信速率不断提高。目前，3 类双绞线电缆能支持 10 Mbit/s，即 10BASE-T 标准；5 类双绞线支持 100 Mbit/s 速率，甚至能支持 155 Mbit/s 的 ATM 速率。最新的研究结果表明，双绞线能支持 600 Mbit/s 以上的通信速率。

2. 双绞线的分类

双绞线按其是否外加金属网丝套的屏蔽层，可分为非屏蔽双绞线和屏蔽双绞线两类。

（1）非屏蔽双绞线

非屏蔽双绞线由多对双绞线和一个塑料外皮构成，最常用的是 4 线对 8 芯非屏蔽双绞线。非屏蔽双绞线价格低廉、安装容易，因此，以太网中 70% 以上的网线选用的都是 4 线对非屏蔽双绞线。非屏蔽双绞线的最大传输距离为 100 m，为加大传输距离，可在两段双绞线之间安装中继器，最多可安装 4 个，最大传输距离可达 500 m。目前的缆线标准有多种，其中以 TIA/EIA 类别使用得最为广泛。TIA/EIA 按电气特性定义非屏蔽双绞线标准，将非屏蔽双绞线分为如下几个类别。

① 1 类线：用于电话语音通信，而不是用于计算机网络数据通信。

② 2 类线：传输频率为 1 MHz，用于语音传输和最高传输速率为 4 Mbit/s 的数据传输，常见于使用 4 Mbit/s 规范令牌传递协议的旧的令牌网。

③ 3 类线：用于语音传输及最高传输速率为 16 Mbit/s 的数据传输，主要用于 10BASE-T。

④ 4 类线：该类电缆的传输频率为 20 MHz，用于语音传输和最高传输速率为 20 Mbit/s 的数据传输，主要用于基于令牌的局域网和 10BASE-T/100BASE-T。

⑤ 5 类线：该类电缆增加了绕线密度，外套一种高质量的绝缘材料，传输率为 100 MHz，用于语音传输和最高传输速率为 100 Mbit/s 的数据传输，主要用于 100BASE-T 和 10BASE-T 网络。这是最常用的以太网电缆。

⑥ 超 5 类线：该类电缆具有衰减小、串扰少的优点，并且具有更高的衰减与串扰比值和信噪比、更小的时延误差，性能得到很大提高。超 5 类线主要用于千兆位以太网。

⑦ 6 类线：该类电缆的传输频率为 1 ～ 250 MHz，6 类布线系统在 200 MHz 时综合衰减串扰比应该有较大的余量，它提供 2 倍于超 5 类的带宽。6 类布线的传输性能远远高于超 5 类标准，最适用于传输速率高于 1 Gbit/s 的应用。6 类与超 5 类的一个重要的不同点在于，6 类线改善了在串扰以及回波损耗方面的性能，对新一代全双工的高速网络应用而言，优良的回波损耗性能是极其重要的。6 类标准中取消了基本链路模型，布线标准采用星形的拓扑结构，要求的布线距离为永久链路的长度，不能超过 90 m，信道长度不能超过 100 m。

6 类线分为 6E 和 6EA。6E 传输频率为 200 MHz，6EA 传输频率为 250 MHz。

　　⑧ 7 类线：该类电缆主要是为了适应万兆位以太网技术的应用和发展，但它不再是一种非屏蔽双绞线，而是一种屏蔽双绞线，所以它的传输频率至少可达 600 MHz，是 6 类线和超 6 类线的 2 倍以上。7 类线分为 7F 和 7FA。7F 传输频率为 600 MHz，7FA 传输频率为 620 MHz。

　　4 线对非屏蔽双绞线用不同的颜色对来区分各线对，分别是白绿 - 绿、白橙 - 橙、白蓝 - 蓝、白棕 - 棕。TIA/EIA 布线标准中规定了两种双绞线的连接线序 568A 与 568B。标准 568A 的线序排列是：白绿 -1，绿 -2，白橙 -3，蓝 -4，白蓝 -5，橙 -6，白棕 -7，棕 -8。标准 568B 的线序排列是：白橙 -1，橙 -2，白绿 -3，蓝 -4，白蓝 -5，绿 -6，白棕 -7，棕 -8。

　　为了保持最佳的兼容性，普遍采用 TIA/EIA 568-B 标准来制作网线。在整个网络中应采用一种布线方式，两端都有 RJ45 插头的网络连线，无论是采用 568A 标准还是 568B 标准都是可行的。双绞线的顺序与 RJ45 插头的引脚序号一一对应。

　　标准中要求 8 根导线必须按线对两两互绞。这是因为在数据的传输中，为了减少和抑制外界的干扰，发送和接收数据均需以差分方式进行传输，即一个对线互相扭在一起传输路差分信号。

　　所谓差分信号，是指一根导线以正电平方式传输信号，另外一根导线以负电平方式传输同一信号。当线路中出现干扰信号时，对两根线的影响是相同的，因而在接收端还原差分信号时，就可以屏蔽掉该干扰信号（可以理解为差分的两路信号执行减运算）。双绞线中，线进行双绞的目的是抑制干扰信号，提高传输质量，因而在制作双绞线的接头时，传输差分信号的一对线分开距离不能超过标准规定值，否则将大大影响网络信号的传输质量。

　　（2）屏蔽双绞线

　　在双绞线电缆中增加屏蔽层就是为了提高电缆的物理性能和电气性能，减少周围信号对电缆中传输信号的电磁干扰。电缆屏蔽层的设计有如下几种形式：屏蔽整个电缆；屏蔽电缆中的线对；屏蔽电缆中的单根导线。

　　电缆屏蔽层由金属箔、金属丝或金属网构成。屏蔽双绞线电缆与非屏蔽双绞线电缆一样，电缆芯是铜双绞线电缆，护套层是塑橡皮，只不过在护套层内增加了金属层。

　　按金属屏蔽层数量和金属屏蔽层绕包方式，屏蔽双绞线电缆可分为以下几种：电缆金属箔屏蔽双绞线电缆；线对金属箔屏蔽双绞线电缆；电缆金属编织网加金属箔屏蔽双绞线电缆；电缆金属箔编织网屏蔽加上线对金属箔屏蔽双绞线电缆。

屏蔽双绞线分为 STP 和 FTP。STP 指每条线都有各自的屏蔽层，而 FTP 只在整个电缆有屏蔽装置，并且两端都正确接地时才起作用。所以要求整个系统是屏蔽器件，包括电缆、信息点、水晶头和配线架等，同时建筑物需要有良好的接地系统。屏蔽层可减少辐射，防止信息被窃听，也可阻止外部电磁干扰的进入，使屏蔽双绞线比同类的非屏蔽双绞线具有更高的传输速率。

3. 双绞线的参数名词

对于双绞线（无论是 3 类、5 类、6 类、7 类、8 类，还是屏蔽、非屏蔽），用户关心的是衰减、近端串扰（NEXT）、直流电阻、特性阻抗、衰减串扰比、电缆特性等参数。

（1）衰减

衰减是沿链路的信号损失度量的。衰减随频率而变化，所以应测量在应用范围内的全部频率上的衰减。

（2）近端串扰

近端串扰损耗是测量一条非屏蔽双绞线链路中从一对线到另一对线的信号耦合。对于非屏蔽双绞线链路来说，这是一个关键的性能指标，也是最难精确测量的一个指标，尤其是随着信号频率的增加其测量难度会增大。

串扰分近端串扰和远端串扰（FEXT），测试仪主要是测量近端串扰，由于线路损耗，远端串扰的量值影响较小，在 3 类、5 类系统中忽略不计。近端串扰并不表示在近端点所产生的串扰值，它只是表示在近端点所测量到的串扰值。这个量值会随电缆长度不同而改变，电缆越长变得越小。同时发送端的信号也会衰减，对其他线对的串扰也相对变小。实验证明，只有在 40 m 内测量得到的近端串扰值较真实，如果另一端是远于 40 m 的信息插座，它会产生一定程度的串扰，但测试仪可能无法测量到这个串扰值。基于这个理由，对近端串扰最好在两个端点都进行测量。现在的测试仪都配有相应设备，使得在链路一端就能测量出两端的近端串扰值。

（3）直流电阻

环路直流电阻会消耗一部分信号并转变成热量，它是指一对导线电阻的和，ISO/IEC 11801 的规格不得大于 19.2 Ω。每对间的差异不能太大（小于 0.1 Ω），否则表示接触不良，必须检查连接点。

（4）特性阻抗

与环路直流电阻不同，特性阻抗包括电阻及频率自 1 ～ 100 MHz 的电感抗及电容抗，与一对电线之间的距离及绝缘的电气性能有关。各种电缆有不同的特性阻抗，对双绞线电缆而言，则有 100 Ω、120 Ω 及 150 Ω 几种（国内不使用也不生产 120 Ω 电缆）。

（5）衰减串扰比

在某些频率范围，串扰与衰减量的比例关系是反映电缆性能的另一个重要参数。衰减串扰比（ACR）有时也以信噪比表示，它由最差的衰减量与近端串扰量值的差值计算得出。较大的衰减串扰比表示对抗干扰的能力更强，系统要求至少大于 10 dB。

（6）电缆特性

通信信道的品质是由它的电缆特性来描述的。信噪比是在考虑到干扰信号的情况下，对数据信号强度的一个度量。信噪比过低，将导致数据信号在被接收时，接收器不能分辨数据信号和噪声信号，最终引起数据错误。因此，为了使数据错误限制在一定范围内，必须定义一个最小的可接收的信噪比。

2.1.2 大对数双绞线

1. 大对数双绞线的组成

大对数双绞线电缆中常见的有 25 线对、50 线对和 100 线对电缆。3 类 25 对非屏蔽双绞线，适用于副主干线路，可传输 25 路视频或其他信号；3 类 50 对非屏蔽双绞线，适用于设备间的主干连接，可传输 50 路视频或其他信号；3 类 100 对非屏蔽双绞线，适用于副主干线系统及开放式办公室，可传输 100 路视频或其他信号。以上几种都有外径尺寸小、布线简单、传输效果好的优点。

大对数双绞线为用户提供更多的可用线对，并被设计为在扩展的传输距离上实现高速数据通信应用。传输速度为 100 MHz。导线色彩由蓝、橙、绿、棕、灰、白、红、黑、黄、紫组成。

2. 大对数双绞线的品种

大对数双绞线品种分为屏蔽大对数双绞线和非屏蔽大对数双绞线两种，如表 2-1 所示。

表 2-1　大对数双绞线品种

非屏蔽大对数双绞线	室内3类25对非屏蔽大对数双绞线
	室内5类25对非屏蔽大对数双绞线
	室内3类50对非屏蔽大对数双绞线
	室内5类50对非屏蔽大对数双绞线
	室内3类100对非屏蔽大对数双绞线
	室内5类100对非屏蔽大对数双绞线
	室外3类25对非屏蔽大对数双绞线
	室外5类25对非屏蔽大对数双绞线
	室外3类50对非屏蔽大对数双绞线
	室外5类50对非屏蔽大对数双绞线
	室外3类100对非屏蔽大对数双绞线
	室外5类100对非屏蔽大对数双绞线
屏蔽大对数线	室外5类25对屏蔽大对数双绞线
	室外5类50对屏蔽大对数双绞线
	室内5类25对屏蔽大对数双绞线
	室内5类50对屏蔽大对数双绞线

2.1.3 同轴电缆

同轴电缆是一种通信电缆，其结构是以实心铜线为芯，外包着一层绝缘材料，这层绝缘材料用密织的网状导体环绕，网外又再覆一层保护性材料。这种结构的金属屏蔽网可防止中心导体向外辐射电磁场，也可用来防止外界电磁场干扰中心导体。

1. 同轴电缆的物理结构

同轴电缆由中心导体、绝缘材料层、网状织物构成的屏蔽层以及外部隔离材料层组成。同轴电缆具有足够的可柔性，能支持 254 mm 的弯曲半径。中心导体是直径为 2.17 ± 0.013 mm 的实心铜线。绝缘材料要求是满足同轴电缆电气参数的绝缘材料。屏蔽层由满足传输阻抗和 ECM 规范说明的金属带或薄片组成，屏蔽层的内径为 6.15 mm，外径为 8.28 mm。外部隔离材料一般选用聚氯乙烯（如 PVC）或类似材料。

2. 同轴电缆的主要参数

以 50 Ω 同轴电缆为例，其主要电气参数如下。

①同轴电缆的特性阻抗：同轴电缆的平均特性阻抗为 50 ± 2 Ω，沿单根同轴电缆阻抗的周期性变化为正弦波，中心平均值 ± 3 Ω，其长度小于 2 m。

②同轴电缆的衰减：当用 10 MHz 的正弦波进行测量时，500 m 长的电缆段的衰减值不超过 8.5 dB（17 dB/km），而用 5 MHz 的正弦波进行测量时不超过 6.0 dB（12 dB/km）。

③同轴电缆的传播速度：最低传播速度为 0.77 c（c 为光速）。

④同轴电缆直流回路电阻：电缆的中心导体的电阻加上屏蔽层的电阻，总和不超过 10 mΩ/m（在 20 ℃时测量）。

3. 同轴电缆的分类

同轴电缆分为基带同轴电缆和宽带同轴电缆两种。

（1）基带同轴电缆

基带同轴电缆的特性阻抗为 50 Ω，当传输距离不超过 1000 m 时，传输速率可达 50 Mbit/s，误码率低，抗干扰性好，是局域网中常用的传输介质。基带同轴电缆又分为粗同轴电缆（直径为 1 cm）和细同轴电缆（直径为 0.5 cm），前者可组成 10BASE-5 以太网，后者可组成 10BASE-2 以太网。

（2）宽带同轴电缆

宽带同轴电缆的特性阻抗为 75 Ω，其传输性能均要高于基带同轴电缆，但它需要附加信号处理设备，安装较难，广泛用于长途电话网、有线电视系统及宽带计算机网络。

同轴电缆组网的连接设备因细缆与粗缆而异，如广泛使用的是细缆，可采用标准 BNC 接头进行连接，并用 BNC-T 型连接器、终端器与之配套使用。总之，同轴电缆比屏蔽双绞线或非屏蔽双绞线的传输距离远。在没有中继器对传输信号放大的情况下，同轴电缆可以连接的局域网地域范围比双绞线大。同时，由于同轴电缆用于各种类型数据通信的时间已经很长，因此技术非常成熟。

2.1.4 光缆和光纤

光纤是光导纤维的简称，由直径大约为 0.1 mm 的细玻璃丝构成。它透明、纤细，虽比头发丝还细，却具有把光封闭在其中并沿轴向进行传播的导波结构。光纤是利用几何光学上的全反射原理制作而成的，其传输性能和全反射原理密切相关。光束在玻璃纤维内传输，防磁防电，传输稳定，质量高，适用于高速网络和骨干网。光纤与电导体构成的传输介质最基本的差别是，它传输的信息是光束，而非电气信号，因此，不会受到电磁的干扰。

1. 光缆的结构及其优点

光纤通信是以光波为载体、光导纤维为传输信息的一种通信方式。由于激光具有高方向性、高相干性、高单色性等显著优点，光纤通信中的光波主要是激光，所以又叫作激光—光纤通信。目前的光纤通信中使用着各种不同类型的光缆，其结构形式多种多样。但无论是何种结构形式的光缆，基本上都由缆芯、加强材料和护层三部分组成。光缆是由一捆光导纤维组成的，其外表覆盖了一层保护皮层，纤芯外围还覆盖着一层抗拉线，可以适应室外布线的要求。

①缆芯：缆芯由单根或多根光纤线组成，其作用是传输光波。

②加强材料：加强材料一般有金属丝和非金属纤维，其作用是增强光缆敷设时可承受的拉伸负荷。

③护层：光缆的护层主要是对已形成缆的光纤芯线起保护作用，避免受外界的损伤。

光缆是数据传输中最有效的一种传输介质，它分为多模光缆和单模光缆，它们的光纤为多模光纤和单模光纤。光缆的光纤工作波长有短波 850 nm、长波 1310 nm 和长波 1550 nm。光纤损耗一般随波长增加而减小，850 nm 的损耗一般为 2.5 dB/km。当前，光缆使用寿命期通常按 15 ～ 20 年考虑。

光缆有以下几个优点。

第一，较宽的频带。

第二，电磁绝缘性能好。光纤电缆中传输的是光束，而光束是不受外界电磁干扰影响的，而且本身也不向外辐射信号，因此它适用于长距离的信息传输以及要求高度安全的场合。但是，抽头困难是它固有的难题，因为割开光缆需要再生和重发信号。

第三，衰减较小，可以说在较大范围内是一个常数。

第四，中继器的间隔距离较大，因此整个通道中继器的数目可以减少，这样可降低成本。根据贝尔实验室的测试，当数据速率为 420 Mbit/s 且距离为 119 km 无中继器时，其误码率为 10^{-8}，可见其传输质量很好。而同轴电缆和双绞线在长距离使用中就需要接中继器。

2. 光纤的种类

（1）单模光纤

单模光纤的中心玻璃芯很细，纤芯直径为 8.3 μm，包层外直径为 125 μm，只能传输一种模式的光。其模间色散很小，适用于远程通信，但由于存在材料色散和波导色散，因此对光源的谱宽和稳定性有着较高的要求，要求光源的谱宽较窄，稳定性较好。后来又发现在 1.31 μm 波长处，单模光纤的材料色散和波导色散一为正、一为负，大小也正好相等。这就是说在 1.31 μm 波长处，单模光纤的总色散为 0。从光纤的损耗性来看，1.31 μm 波长处正好是光纤的一个低损耗窗口。这样，1.31 μm 波长区就成了光纤通信的一个很理想的工作窗口，也是现在使用光纤通信系统的主要工作波段。1.31 μm 常规单模光纤的主要参数是由国际电信联盟电信标准化部门（ITU-T）在 G652 建议中确定的，因此这种光纤又称 G652 光纤。

（2）多模光纤

多模光纤的中心玻璃芯较粗，纤芯直径为 50 ～ 62.5 μm，包层外直径为 125 μm，可传输多种模式的光。其模间色散较大，这就限制了传输数字信号的频率，随距离的增加会更加严重。例如，600 MB/km 的光纤在 2 km 时则只有 300 MB 的带宽。因此，多模光纤传输的距离就比较近，一般只有几千米。

光纤的工作波长有短波 0.85 μm、长波 1.3 μm 和长波 1.55 μm。光纤损耗一般随波长加长而减小，0.85 μm 的损耗为 2.5 dB/km，1.31 μm 的损耗为 0.35 dB/km，1.55 μm 的损耗为 0.20 dB/km（这是光纤的最低损耗，波长 1.65 μm 以上时损耗又趋向加大）。由于 OH⁻（水峰）的吸收作用，0.90 ～ 1.30 μm 和 1.34 ～ 1.52 μm 范围的波段都有损耗高峰，因此这两个范围未能充分利用。从 20 世纪 80 年代以来，人们多倾向于使用单模光纤，尤其是波长 1.31 μm 的长波。

3. 纤芯的种类

按照纤芯直径来划分，可分为 50/25 μm 缓变型多模光纤、62.5/125 μm 缓变增强型多模光纤、10/125 μm 缓变型单模光纤。

按照光纤芯的折射率分布来划分，可分为阶跃型光纤、梯度型光纤、环形光纤、W 型光纤。

4. 光缆与光纤的关系

在使用光缆互连多个小型机的应用中，必须考虑光纤的单向特性，如果要进行双向通信，就应使用双股光纤。由于要对不同频率的光进行多路传输和多路选择，故在通信器件市场上又出现了光学多路转换器。

光纤的类型由材料（玻璃或塑料纤维）及芯和外层尺寸决定，芯的尺寸大小决定光的传输质量。常用的光纤有以下几种：9 μm 芯 /25 μm 外层——单模、10 μm 芯 /125 μm 外层——单模、62.5 μm 芯 /25 μm 外层——多模、50 μm 芯 /125 μm 外层——多模。

光缆在普通计算网络中的安装是从用户设备开始的。因为计算网络中的光纤只能单向传输，为实现双向通信，就必须成对出现，一个用于输入，一个用于输出。光纤两端接到光学接口器上。安装光缆需小心谨慎。每条光纤的连接都要磨光端头,通过电烧烤工艺与光学接口连在一起。要确保光通道不被阻塞。光纤不能拉得太紧,也不能形成直角。

5. 光纤通信系统

(1)光纤通信系统的构成及其优点

光纤通信系统是以光波为载体、光导纤维为传输媒体的通信方式,起主导作用的是光源、光纤、光发送机和光接收机。

光源是光波产生的根源。光纤是传输光波的导体。光发送机的功能是产生光束,将电信号转变成光信号,再把光信号导入光纤。光接收机的功能是负责接收从光纤上传输的光信号,并将它转变成电信号,经解码后再进行相应处理。

光纤通信系统的主要优点如下。

传输频宽,通信容量大;线路损耗低,传输距离远;抗干扰能力强,应用范围广;线径细,质量轻;抗化学腐蚀能力强;制造光纤的资源丰富。

在网络工程中,一般用 62.5/125 μm 规格的多模光纤,有时也用 100/125 μm 和 100/140 μm 规格的光纤。户外布线大于 2 km 时可选用单模光纤。

(2)光端机

光端机是光纤通信的一个主要设备,主要分为两大类:模拟信号光端机和数字信号光端机。模拟信号光端机主要分为调频式光端机和调幅式光端机。由于调频式光端机比调幅式光端机的灵敏度高约 16 dB,所以市场上模拟信号光端机是以调频式 FM 光端机为主导的,调幅式光端机很少见。

光端机一般按方向分为发射机(T)、接收机(R)、收发机(X)。作为模拟信号的 FM 光端机,现行市场上主要有以下几种分类方式。

单模 / 多模光端机:光端机根据系统的传输模式可分为单模光端机和多模光端机。一般来说,单模光端机光信号传输可达几十千米的距离,模拟光端机有些型号可无中继传输 100 km。而多模光端机的光信号一般传输为 2 ~ 5 km。这一点也可作为光纤系统中对一般光端机选择的参考标准。

数据 / 视频 / 音频光端机:光端机根据传输信号又可分为数据(RS-232/RS-422/RS-485/ 曼彻斯特 /TTL/ 常开触点 / 常闭触点)光端机、视频光端机、音频光端机、视频 / 数据光端机、视频 / 音频光端机、视频 / 数据 / 音频光端机以及多路复用光端机,并且可传输 10 ~ 100 Mbit/s 以太网数据。

独立式 / 插卡式 / 标准式光端机:独立式光端机可独立使用,但需要外接电源。独立式光端机主要应用于系统远程设备比较分散的场合。插卡式光端机中的模块可插入插卡式机箱中工作,每个插卡式机箱为 19 ″ 机架,具有 18 个插槽，插卡式光端机主要应用在系统的控制中心，便于系统安装和维护。标准式光端机可独立使用，也可安装在系统远程设备及系统控制中心的标准 19 ″机柜中。

6. 光缆的机械性能

（1）单芯光缆的主要应用范围及性能

主要应用范围：跳线；内部设备连接；通信柜配线面板；墙上出口到工作站的连接；水平拉线，直接端接；适用于使用环氧树脂或压接连接头端。

主要性能：高性能的单模和多模光纤符合所有的工业标准；900μm 紧密缓冲外衣易于连接与剥除；芳纶抗拉线增强组织提高对光纤的保护；验证符合 IEC 793-1/792-1 标准性能要求。

（2）双芯互连光缆的主要应用范围及性能

主要应用范围：交连跳线；水平走线，直接端接；光纤到桌；通信柜配线面板；墙上出口到工作站的连接；适用于使用环氧树脂或压接连接头端。

主要性能：光线之间易于区分；高性能的单模和多模光纤符合所有的工业标准；900μm 紧密缓冲外衣易于连接与剥除；芳纶抗拉线增强组织提高对光纤的保护；验证符合 IEC 793-1/792-1 标准性能要求。

（3）室外光缆（4 ～ 12 芯铠装型与全绝缘型）的主要应用范围及性能

主要应用范围：园区中楼宇之间的连接；长距离网络；主干线系统；本地环路和支路网络；严重潮湿、温度变化大的环境；架空连接（和悬缆线一起使用）、地下管道或直埋、悬吊缆。

主要性能：高性能的单模和多模光纤符合所有的工业标准；900μm 紧密缓冲外衣易于连接与剥除；套管内具有独立的彩色编码的光纤；轻质的单通道结构节省了管内空间，管内灌注防水凝胶，以防止水渗入；设计和测试均依据 Bell core GR-20-CORE 标准；扩展级别 62.5/125μm 符合 ISO/IEC 11801 标准；抗拉线增强组织提高对光纤的保护；聚乙烯外衣在紫外线或恶劣的室外环境下有保护作用；低摩擦的外皮使之可轻松穿过管道，撕剥绳使剥离外表更方便。

（4）室内 / 室外光缆（单管全绝缘型）的主要应用范围及性能

主要应用范围：不需任何互连情况下，由户外延伸入户内，线缆具有阻烯特性；园区中楼宇之间的连接；本地线路和支路网络；严重潮湿、温度变化大的环境；架空连接（和悬缆线一起使用）时；地下管道或直埋；悬吊缆 / 服务缆。

主要性能：高性能的单模和多模光纤符合所有的工业标准；设计符合低毒、无烟的要求；套管内具有独立的彩色编码的光纤；轻质的单通道结构节省了管内空间，管内灌注防水凝胶，以防止水渗入；注胶芯完全由聚酯带包裹；符合 ISO/IEC 11801 标准；芳纶抗拉线增强组织提高对光纤的保护；聚乙烯外衣在紫外线或恶劣的室外环境下有保护作用；低摩擦的外皮使之可轻松穿过管道，撕剥绳使剥离外表更方便。室内 / 室外光缆有 4 芯、6 芯、8 芯、12 芯等。

2.1.5 数据传输技术术语

1. 信道传输速率

信道传输速率的单位是 bit/s、Kbit/s、Mbit/s。

调制速率：在模拟通道中传输数字信号时常常使用调制器，在调制器的输出端输出的是被数字信号调制的载波信号，因此自调制器的输出至输入的信号速率取决于载波信号的频率。

数据速率：数据速率是指信源入 / 出口处每秒钟传送的二进制脉冲的数目。

2. 通信方式

当数据通信在点对点间进行时，按照信息的传送方向，其通信方式有三种。

单工通信方式：单方向传输数据，不能反向传输。

半双工通信方式：既可单方向传输数据，也可以反方向传输数据，但不能同时进行。

全双工通信方式：可以在两个不同的方向同时发送和接收数据。

3. 传输方式

数据在信道上按时间传送的方式称为传输方式。当按时间顺序一个码元接着一个码元地在信道上传输时，称为串行传输方式，一般数据通信都采用这种方式。串行传输方式只需要一条通道，在远距离通信时其优点尤为突出。另一种传输方式是将一组数组一并在通信的同时送到对方，这时就需要多个通路，故称为并行传输方式。计算机网络中的数据是通过串行方式传输的。

4. 基带传输

所谓基带传输是指信道上传输的没有经过调制的数字信号。基带传输有以下四种方式。

单极性脉冲：用脉冲的有无来表示信息的有无。电传打字机就是采用这种方式。

双极性脉冲：用两个状态相反、幅度相同的脉冲来表示信息的两种状态。在随机进制数字信号中，0、1 出现的概率是相同的，因此在其脉冲序列中，可视直流分量为零。

单极性归零脉冲：在发送"1"时，发送宽度小于码元持续时间的归零脉冲序列，而在传输"0"信息时，不发送脉冲。

多电平脉冲：多电平脉冲是相对上面三种脉冲信号而言的。脉冲信号的电平只有两个取值，故只能表示二进制信号。如果采用多电平脉冲，则可表示多进制信号。

5. 宽带传输

在某些信道（如无线信道、光纤信道）中，由于不能直接传输基带信号，故要利用调制和解调技术，即利用基带信号对载波波形的某些参数进行调控，从而得到易于在信道中传输的被调波形。其载波通常采用正弦波，而正弦波有三个能携带信息的参数，即幅度、频率和相位，控制这三个参数之一就可使基带信号沿着信道顺利传输。当然，在到达接收端时均需做相应的反变换，以便还原成发送端的基带信号。这就是所谓的宽带传输。局域网内的宽带传输一般采用同轴电缆作为传输介质。

在宽带传输中，可分为频分多路复用（FDM）技术（可将电缆的频谱分成若干信道或频段，而后在各个分隔的频段上分别传输数据、电视信号）和时分多路复用（TDM）技术。

2.2　网络综合布线常用器材及工具

2.2.1 综合布线常用器材

在综合布线器材中，除了双绞线和光缆等传输介质外，还需要用到配线架、信息插座跳线等连接器件，以及机柜、线槽、桥架、线管等器材。除此之外，还有线缆整理器材和其他布线器材。

1. 配线架

配线架是电缆或光缆进行连接与端接的装置。在配线架上可进行互连或交接工作。楼层配线架连接水平电缆，水平电缆与其他布线子系统或设备相连接的装置，是实现垂直干线和水平布线两个子系统交叉连接的枢纽。配线架通常安装在机柜或墙上。通过安装附件，配线架可以全线满足非屏蔽双绞线/屏蔽双绞线、同轴光缆、光纤的需要。

配线架的主要作用是方便对布线进行管理和维护。例如，在综合布线系统中，前端的信息插座水平线缆进入电信间后先进入配线架，将线打在配线架的模块上，然后用跳线连接配线架与交换机。一旦某条线缆出现问题，只要通过更换跳线即可，不用重新临时布线。配线架的另一个作用是提升了布线系统的美观度。目前，在综合布线中常用的配线架有双绞线配线架、110配线架和光纤配线架。

（1）双绞线配线架

双绞线配线架大多被用于配线子系统。前面板用于连接网络设备（如交换机、集线器）的RJ45端口（直接接插），后面板用于连接从信息插座延伸过来的双绞线（需要打线）。双绞线配线架主要有24口和48口两种形式。

双绞线配线架的作用是在管理系统中将双绞线进行交叉连接，用在主配线和各分配线间。双绞线配线架的型号有很多，每个厂商都有自己的产品系列，并且对应于3类、5类、超5类、6类和7类双绞线分别有不同的规格和型号。在具体项目中，应参阅相关产品手册，根据实际情况进行配置。

（2）110配线架

110配线架是早期综合布线系统使用的一种配线方式，现在主要用于电话系统配线，俗称鱼骨架。一般一个110配线架为1U高度，共可连接100对2芯电话线。

（3）光纤配线架

光纤配线架也称为光纤终端盒，是用来容纳光纤和进行光纤转接的部件，它的作用主要用于固定和收纳光纤、端接光纤和安装光纤耦合器，同时也可以保护光纤的接头，防止其被损害。

2. 信息插座

信息插座分为电缆信息插座和光纤信息插座，下面分别介绍。

（1）电缆信息插座

电缆信息插座由信息模块、面板和底盒组成。

信息模块：工作区的信息模块安装在信息面板上，一端连接配线子系统的电缆，一端通过跳线连接工作区的终端设备。信息模块分为RJ45网络数据模块和RJ11电话语音模块。

面板：信息插座面板用于在信息出口位置安装固定信息模块，有英式、美式和欧式三种。国内普遍采用的是英式面板，为正方形86 mm×86 mm规格，常见的有单口、双口型号，也有三口和四口的型号。另外，面板一般为平面插口，也有设计成斜口插口的。

底盒：信息插座面板安装在接线底盒上，接线底盒有明装和暗装两种。明装底盒安装在墙面上，用于对旧楼改造时很难或不能在墙壁内布线的情况，这种方式安装灵活但不美观。暗装底盒预埋在墙体内，布线也是走预埋的线管。

一个底盒只能安装一个面板，且底盒大小必须与面板制式匹配。底盒内有供固定面板的螺孔，随面板配有将面板固定在底盒上的螺丝。底盒都预留了穿线孔，有的底盒穿线孔是通的，有的底盒多个方向预留有穿线位，安装时凿穿与线管对接的穿线位即可。

（2）光纤信息插座

光纤信息插座按接口的不同分为 ST、SC、LC、MT-TJ 等类型；按连接的光纤类型不同分为单模和多模；按孔的数量可分为单孔、双孔、三孔等。

3. 光纤连接器和耦合器

（1）光纤连接器

光纤活动连接器又称光纤连接器，它的主要用途是实现光纤的接续，一般采用高精密组件，即由两个插针和一个耦合管共三个部分组成，来实现光纤的对准连接。

要进行数据通信，至少需要两根光纤，一根光纤用于发送，另一根用于接收。光纤连接器根据光纤连接的方式分为两种：单连接器和双连接器。单连接器在装配时只连接一根光纤，双连接器在装配时要连接两根光纤。

综合布线系统领域应用最多的光纤连接器是以 2.5 mm 陶瓷插针为主的 FC、SC 和 ST 型，以 LC、VF-45、MRJ 为代表的超小型光纤连接器的应用也正在增长。

FC 型光纤连接器：此类连接器简单，操作方便，制作容易，但光纤端面对微尘较为敏感且容易产生菲涅尔反射，提高回波损耗性能较为困难。

SC 型光纤连接器：它是由日本 NTT 公司开发的模塑插拔耦合式连接器，也就是连接 GBC 光模块的连接器。此类连接器价格低廉，插拔操作方便，介入损耗波动小，抗压强度较高，安装密度高。

ST 型光纤连接器：常用于光纤配线架，外壳呈圆形，所采用的插针与耦合套筒的结构尺寸与 FC 型完全相同。其中，插针的端面多用 PC 型或 APC 型研磨方式，采用螺丝扣进行坚固。此类连接器具有良好的互换性，操作简便，适用各种光纤网络。

（2）光纤耦合器

光纤耦合器是光纤与光纤之间进行可拆卸（活动）连接的器件，也称光纤适配器，它把光纤的两个端面精密对接起来，以使发射光纤输出的光能量能最大程度地耦合到接收光纤中去。

光纤耦合器的作用：将光信号转化为电信号；将多模信号耦合成单模信号；使两个光纤接头的截面光纤孔导通；使两组光信号互相联通。

与光纤连接器一样，光纤耦合器也分为 FC、SC、ST、LC 等类型，应根据布线需要购买。

4. 跳线

跳线主要用于配线架到交换机之间、信息插座到计算机之间的连接。跳线分为 RJ45 跳线和光纤跳线。

（1）RJ45 跳线

RJ45 跳线由跳线线缆、RJ45 水晶头和保护套组成，长度一般在 5 m 以内。

（2）光纤跳线

光纤跳线一般用于光纤配线架到交换机光口或光电转换器之间、光纤信息插座到计算机之间的连接。光纤跳线长度一般在 5 m 以内，其两端的连接器可以是同类型的，也可以是不同类型的。光纤跳线有单模和多模之分，单模光纤跳线一般用黄色表示，多模光纤跳线一般用橙色表示。

5. 机柜与机架

机柜和机架广泛应用于综合布线配线产品、计算机网络设备、通信器材、电子设备的叠放。

（1）机柜

机柜是存放设备和线缆交接的地方。机柜的高度以 U 为单元。标准的机柜尺寸为：宽度 19 in（1 in = 2.54 cm），深度为 600 mm。一般情况下，服务器机柜的深度不小于 800 mm，而网络机柜的深度不大于 800 mm。

机柜具有增强电磁屏蔽、削弱设备工作噪声、减少设备地面面积占用的优点。对于一些高档机柜，还具备空气过滤功能，可以提高精密设备的工作环境质量。

标准机柜的结构比较简单，主要包括基本框架、内部支撑系统、布线系统和通风系统。标准机柜根据组装形式和材料选用的不同，可以分成很多性能和价格档次，用户选购机柜时要根据安装堆放器材的具体情况和预算综合选择合适的产品。根据外形可将机柜分为立式机柜和壁挂式机柜。壁挂式机柜主要用于没有独立房间的楼层配线间。

网络机柜可分为常用服务器机柜和壁挂式网络机柜两种。

常用服务器机柜：安装立柱尺寸为 480 mm，内部安装设备的空间高度一般为 185 mm；采用优质冷轧钢板，独特的表面电喷塑工艺，耐酸碱，耐腐蚀，接地可靠，防雷击；走线简洁，前后及左右面板均可快速拆卸，方便各种设备的走线；上部安装有 2 个散热风扇，下部安装有 4 个转动轮和 4 个固定地脚螺栓；适用于 IBM、惠普、戴尔等各种品牌导轨式中安装的机架式服务器。也可以安装普通服务器和交换机等标准 U 设备，一般安装在网络机房或者楼层设备间。

壁挂式网络机柜：主要用于摆放轻巧的网络设备，外观轻巧美观，全柜采用全焊接式设计。牢固可靠，机柜背面有 4 个挂墙的安装孔，可将机柜挂在墙上节省空间。

小型挂墙式机柜具有体积小、纤巧、节省机房空间等特点，广泛用于计算机数据网络、布线、音响系统、银行、金融、证券、地铁、机场工程系统中。

选购机柜时，要注意机柜包含哪些标准配件，如果标准配置不能满足设备安装要求，还需选购必要的配件。机柜常见的配件有以下几种。

固定托盘：用于安装各种设备，尺寸繁多，用途广泛，有 19 in 标准托盘、非标准固定托盘等。常规配置的固定托盘深度有 440 mm、480 mm、580 mm、620 mm 等规格。固定托盘的承重不小于 50 kg。

滑动托盘：用于安装键盘及其他各种设备，可以方便地拉出和推回。常规配置的滑动托盘深度有 400 mm、480 mm 两种规格。滑动托盘的承重不小于 20 kg。

理线环：布线机柜使用的理线装置，安装和拆卸非常方便，使用的数量和位置可以任意调整。

DW 型背板：可用于安装 110 配线架或光纤盒，有 2U 和 4U 两种规格。

L 支架：L 支架可以配合 19 in 标准机柜使用，用于安装机柜中的 19 in 标准设备，特别是重量较大的 19 in 标准设备，如机架式服务器等。

盲板：盲板用于遮挡 19 in 标准机柜内的空余位置等，有 1U、2U 等多种规格。

扩展横梁：用于扩展机柜内的安装空间，安装和拆卸非常方便。同时也可以配合理线架、配电单元的安装，形式灵活多样。

安装螺母：又称方螺母，适用于任意 19 in 标准机柜，用于机柜内的所有设备的安装。通常一个标准机柜应配至少 30 套螺钉、笼型螺母、垫圈等安装五金件。

键盘托架：用于安装标准计算机键盘，可配合市面上所有规格的计算机键盘，可翻折 90°。键盘托架必须配合滑动托盘使用。

调速风机单元：安装于机柜的顶部，可根据环境温度和设备温度调节风扇的转速，有效地降低机房的噪声。调整方式有手动或无级调整。

机架式风机单元：高度为 1U，可安装在 19 in 标准机柜内的任意高度位置上，可根据机柜内的热源酌情配置。

重载脚轮与可调支脚：重载脚轮单个承重 125 kg，转动灵活，可承载重负荷安装固定于机柜底座，可让操作者平稳、万向移动机柜。

标准电源板：通常为英式设计。

（2）机架

与机柜相比，开放式机架具有价格便宜、管理操作方便、搬动简单的优点。机架的缺点是其一般为敞开式结构，不像机柜采用全封闭或半封闭结构，所以不具备增强电磁屏蔽、削弱设备工作噪声等特性。同时在空气洁净程度较差的环境中，设备表面更容易积灰。

机架主要适合一些要求不高和要经常性对设备进行操作管理的场所。例如，目前各高校建立的网络技术实验 / 实训室和综合布线实验 / 实训室大多采用开放式机架来叠放设备。这样既方便了学生实验操作又减少了空间占用。

6. 线槽和桥架

（1）线槽

线槽有金属线槽和 PVC 塑料线槽两种。

金属槽由槽底和槽盖组成，每根槽一般长度为 2 m，槽与槽连接时使用相应尺寸的铁板和螺丝固定，规格有 50 mm × 100 mm、100 mm × 100 mm、100 mm × 200 mm、100 mm × 300 mm、200 mm × 400 mm 等。

PVC 塑料线槽是综合布线工程明敷管槽时广泛使用的一种材料，它是一种带盖板的封闭式的管槽材料，盖板和槽体通过卡槽合紧。PVC 塑料线槽的品种规格多，从型号上讲有 PVC-20 系列、PVC-25 系列、PVC-30 系列、PVC-40 系列、PVC-60 系列等。与 PVC 塑料线槽配套的连接件有阳角、阴角、直转角、平三通、左三通、右三通、连接头、终端头等。

（2）桥架

在综合布线系统工程中，桥架是承载导线的一种载体，可使导线到达建筑物内的很多位置，且不会影响建筑物美观，应用在水平布线和垂直布线系统的安装通道。它由多种外形和结构的零部件、连接件、附件和支吊架等组成，其类型、品种和规格极为繁多，目前国内尚无统一的产品标准，所以各个生产厂家的产品型号和系列有些区别。在选用时，应根据工程实际使用需要，结合生产厂家的具体产品来考虑。

桥架分为金属桥架和非金属桥架。金属桥架包括以下几种。

①槽式桥架。槽式桥架的底板无孔洞眼，它是由底板和侧边构成或由整块钢板弯制成的槽形部件，因此有时称为实底型电缆槽道。槽式桥架配有盖时，就成为一种全封闭的金属壳体，具有抑制外部电磁干扰，防止外界有害液体、气体和粉尘侵蚀的作用。因此，它适用于需要屏蔽电磁干扰或防止外界各种气体或液体等侵入的场合。

②托盘桥架。托盘式桥架是由带孔洞眼的底板和无孔洞眼的侧边所构成的槽形部件，或采用由整块钢板冲出底板的孔眼后，按规格弯制成槽形的部件。它适用于敷设环境无电磁干扰，不需屏蔽的地段，或环境干燥清洁、无灰、无烟等不会污染的，要求不高的一般场合。

③梯式桥架。梯式桥架是一种敞开式结构，它由两个侧挡与若干个横挡组装构成梯形部件，与通信机架中常用的电缆走线架的形状和结构类似。因为它没有遮挡，是敞开式部件，在使用上有所限制，适用于环境干燥清洁、无外界影响的一般场合。它不得用于有防火要求的区段，或易遭受外界机械损害的场所，更不得在有腐蚀性液、气体或有燃烧粉尘的场合使用。

④组合式托盘桥架。组合式托盘桥架又称组装式托盘或组装式桥架，是一种适用于工程现场，可任意组合，由若干个有孔零部件采用配套的螺栓或插接方式连接组装成托盘的桥架。组合式托盘桥架具有组装规格多样、灵活性大、能适应各种需要等特点，因此，它一般用于电缆条数多、敷设线缆的截面积较大、承受荷载重的场合。

非金属桥架采用的非金属材料有塑料和复合玻璃钢等。塑料桥架的结构与金属材料桥架基本相同，目前国内外生产的塑料桥架的规格尺寸均较小，一般只在工作区布线中采用，且都为明敷方式。复合玻璃钢桥架采用不燃烧的复合玻璃钢为材料，它的类型也可分为槽式、托盘式、梯式和组合式四种。这四种类型桥架均有盖板，因此，都适用于灰尘较多的环境和其他需要密封或遮盖的场所。

桥架与普通线槽的区别是：桥架相对较大（200 cm × 100 cm 到 600 cm × 200 cm），线槽相对较小；桥架的拐弯半径比较大，线槽大部分拐直角弯；桥架的承载力比线槽强；桥架跨距比较大，线槽比较小；安装方式不同，桥架需要支架支撑，线槽则直接钉在墙上；桥架没有塑料的，而许多线槽使用 PVC 塑料材质；在某些场所，桥架可以不带盖板，而线槽通常全是带盖封闭的；桥架可以安装在露天场所，线槽不能，桥架有槽式、托盘式、梯级式和组合式等结构。

7. 线管

线管是指圆形的缆线支撑保护材料，用于构建缆线的敷设通道。在综合布线系统中使用的线管主要有金属管（钢管）、塑料管两种，还有混凝土管（又称水泥管）。一般要求线管应具有一定的抗压强度，可明敷墙外或暗敷于混凝土；具有耐一般酸碱腐蚀的能力，防虫蛀、鼠咬；具有阻燃性，能避免火势蔓延；表面光滑、壁厚均匀。

（1）钢管

按照制造方法的不同，钢管可分为无缝钢管和焊接钢管两大类。暗敷管路系统中常用的钢管为焊接钢管。

钢管按壁厚不同分为普通钢管（水压实验压力为 25 MPa）、加厚钢管（水压实验压力为 3 MPa）和薄壁钢管（水压实验压力为 2 MPa）。普通钢管和加厚钢管统称为水管，有时简称为厚管。薄壁钢管又简称薄管或电管。这两种规格在综合布线系统中都有使用。

由于水管的管壁较厚，机械强度高，主要用在垂直主干上升管路、房屋底层或受压力较大的地段，有时也用于屋内线缆的保护，它是最普遍使用的一种管材。

电管因管壁较薄，承受压力不能太大，常用于屋子内吊顶中的暗敷管路，以减轻管路的重量，所以使用也很广泛。

钢管的机械强度高，密封性能好，抗弯、抗压和抗拉能力强，可以屏蔽电磁干扰，以及可以根据现场需要任意截锯拗弯，安装施工方便等。但它存在管材重、价格高且易锈蚀等缺点，所以在综合布线中的一些特别场合需要用塑料管来代替。

钢管的规格以外径毫米为单位，工程施工中常用的钢管有 D16、D20、D25、D32、D40、D50、D63、D25、D110 等规格。在钢管内穿线比线槽布线难度更大一些，因此在选择钢管时要注意选择管径大一点的，一般管内填充物占 30% 左右，以便于穿线。钢管还有一种是软管（俗称蛇皮管），供弯曲的地方使用。

（2）塑料管

塑材管由树脂、稳定剂、润滑剂及添加剂配制挤塑成型。目前用于线缆护套的主要有 PVC 管、PVC 蜂窝管、高密聚乙烯管、双壁波纹管、子管、铝塑复合管和硅芯管等。

① PVC 管：PVC 管是综合布线工程中使用最多的一种塑料管，管长通常

为 4.0 m、5.5 m 或 6 m。PVC 管具有优异的耐酸、耐碱、耐腐蚀性，耐外压强度、耐冲击强度等都非常高，具有优异的电气绝缘性能，适用于各种条件下的电线、电缆的保护套管配管工程。

②PVC 蜂窝管：PVC 蜂窝管有 3 孔、4 孔、5 孔、6 孔、7 孔等规格。产品广泛用于广电、通信等行业，同时也可作为市政工程、公路、桥梁、地埋线路护套用管。该产品可一次安装敷设到位，最大程度地利用空间，使管道资源利用率提高 70%，其施工省工、省时、省力、操作方便，极大地降低了安装成本和工程造价。

③高密度聚乙烯管：高密度聚乙烯又称低压聚乙烯，低密度聚乙烯又称高压聚乙烯。高密度聚乙烯管比低密度聚乙烯管提高了耐热性和机械强度（如拉伸、弯曲、压缩和剪切强度），并且提高了对水蒸气和气体的阻隔性。

④双壁波纹管：双壁波纹管是一种内壁光滑、外壁呈波纹状并具有密封胶圈的新颖塑料管。外壁波纹增加了管子本身的惯性矩，提高了管材的刚性和承压能力，并使管子具有一定的从向柔性。

⑤子管：子管由低密度聚乙烯或高密度聚乙烯制造，小口径，管材质软，适用于光纤电缆的保护。当光、电缆同槽敷设时，光缆一定要穿放在子管中。

⑥铝塑复合管：铝塑复合管综合了塑料管和金属管各自的优点，具有良好的导热性、导电性以及塑性变形能力、隔磁能力，抗电磁场音频干扰能力强，是良好的屏蔽材料，因此常用作综合布线、通信线路的屏蔽管道。

⑦硅芯管：硅芯管可作为直埋光缆套管，内壁预置永久润滑内衬，具有更小的摩擦系数，采用气吹法布放光缆，敷管快速，一次性穿管缆长度 500 ～ 2000 m。

（3）混凝土管

根据挪用材料和制造方法的不同，混凝土管可分为干打管（又称砂浆管）和湿打管两种。湿打管因其制造成本高、养护时间长等缺点，所以不常采用。目前较多采用的是干打管。混凝土管具有价格低廉、可就地取材、料源较充裕、隔热性能好等优点，但也存在不少缺点，如机械强度差、密闭性能低、防水和防渗性能不理想、管材本身较重不利于运输和施工、管孔内壁不光滑等。

选择线管应根据具体要求，以满足需要和经济性为原则，主要考虑机械（抗压、抗拉伸或抗剪切）性能、抗腐拒变的能力、电磁屏蔽特性、布线规模、敷设路径、现场加工是否方便及环保特性等因素。

在一些较潮湿甚至是过酸或过碱性的环境中敷设管道，应先考虑抗腐蚀能力。这种情况下，PVC 管往往更加适应。当然还应注意选用合适的防水、抗酸碱性的密封涂料。

在强电磁干扰的空间中布线，如机场、医院、微波站等，金属管就明显地占有优势。

布线规模决定了缆线束的口径，必须根据实际需要分别选用不同口径的线管。

室外的建筑群主干布线子系统采用地下通信电缆管道时，其管材除主要选用混凝土管外，目前较多采用的是 PVC-U 和高密度聚乙烯双壁波纹管，有时用高密度聚乙烯的硅芯管。由于软、硬质 PVC 管具有阻燃性能，对综合布线系统防火极为有利。此外，在有些软 PVC 实壁塑料管使用场合中，有时也采用低密度聚乙烯光壁子管。

8. 线缆整理器材

当大量线缆进入机柜，端接到配线架上后，如果对线缆不整理，将存在以下问题：线缆本身具有一定的重量，几十根甚至上百根数米长的线缆将给连接器施加拉力，从而导致一些连接点因受力时间过长而造成接触不良，不便于管理，影响美观。因此，在综合布线中需要采用理线器和扎带捆扎的方式来管理机柜内的线缆。

（1）理线器

理线器为电缆提供了平行进入 RJ45 模块的通路，使电缆在压入模块之前不再多次直角转弯，减少了自身的信号辐射损耗，同时也减少了对周围电缆的辐射干扰。由于理线器使水平双绞线有规律地、平行地进入模块，因此在以后扩充线路时，将不会因改变一根电缆而引起大量电缆的更动，从而提高了系统的可扩充性。

（2）扎带

扎带分为尼龙扎带与金属扎带两种类型。综合布线工程中使用的是尼龙扎带。尼龙扎带采用 UL 认可的尼龙 66 材料制成，防火等级 94V-2，具有耐酸、耐蚀、绝缘性良好、耐久（不易老化）、易使用等特点。

尼龙扎带按坚固方式分为四种：可松式扎带、插销式扎带、固定式扎带和双扣式扎带。在综合布线系统中，有以下几种使用方式：使用不同颜色的尼龙扎带对繁多的线路加以区分；使用带有标签的尼龙扎带，在整理线缆的同时可以加以标记；使用带有卡头的尼龙扎带，可以将线缆轻松固定在面板上。

安装扎带时也可用专门工具，它可使扎带的安装变得极为简单和省力，还可使用线扣将扎带和线缆等进行固定，线扣分粘贴型和非粘贴型两种。

9. 其他布线器材

在综合布线施工过程中，一些小材料虽然微不足道，但也必不可少，要配合施工材料主件和安装方法采购。

（1）线缆保护品

硬质套管在线缆转弯、穿墙、裸露等特殊位置不能提供保护，此时，就需要软质的线缆保护品，主要有螺旋套管、蛇皮套管、防蜡管和金属边护套等。

（2）线管固定和连接部件

管卡：主要为鞍形管卡，又称骑马攀，主要用来固定电管、PVC 管等。

管箍：又名管接头、束接、束结等，用来连接两根口径相同的管。

弯管接头：又叫月弯管接头、月弯、弯头、90°接头等，用于连接两根口径相同的线管，并使线管做 90°转弯。

软管接头：又叫蛇皮管接头，专供金属软管、防湿软管与线管或设备的连接。软管接头的一端与同规格的金属软管、防湿软管配合，而另一端为外螺纹管（厚管螺纹）可与螺纹规格相同的电气设备、管路接头（如直管箍、三通）等相连，通过管路接头再与线管相连。软管接头有封闭式和简易式两种类型。

锁紧螺母：别名纳子，用于在线管末端紧固箱体或安装盒等。

（3）线缆固定部件

钢精轧头：钢精轧头又称为铝片线卡，多用于在线缆安装时固定护套线。它是用 0.35 mm 厚的铝片冲制而成的条形薄片，中间开有用于固定线缆的 1～3 个安装孔。

钢钉线卡：钢钉线卡全称为塑料钢钉线卡，用于固定明敷的线缆。安装时，用塑料卡卡住线缆，用锤子将水泥钢钉钉入建筑物墙壁即可。

（4）钉、螺丝、膨胀螺栓

水泥钉：又叫特种钢钉，它有很高的强度和良好的韧性，可由人工用榔头或锤子等工具直接钉入低标号的混凝土、矿渣砌体、砖砌体（砖墙）、砂浆层和薄钢板等，从而把需要固定的构件固定上去。水泥钉分 T 型和 ST 型，其中 T 型为光杆型，可用于混凝土、砖墙；ST 型杆部有拉丝，仅用于钉薄钢板。

木螺丝：与塑料膨胀管配合使用。

塑料膨胀管：塑料膨胀管由木螺丝与塑料胀管组成。塑料胀管又叫塑料塞、尼龙塞、塑料榫等，通常用聚乙烯、聚丙烯材料制成。在综合布线工程中，塑料膨胀管被广泛使用，如信息面板底盒、PVC 管、槽架、铝塑管、小口径电管等明管沿墙、沿柱的固定等。但是，在空心楼板、空心砖墙上不宜用膨胀螺栓，应采取其他方法,如预埋螺栓、木砖或凿孔、钻眼入木砖、木榫等。

钢制膨胀螺栓:钢制膨胀螺栓简称膨胀螺栓,它由金属胀管、锥形螺栓(亦称"沉头螺栓")、平垫圈、弹簧垫、螺母等五部分组成,主要用于承重大的桥架和挂墙式机柜安装。它用螺栓口径和长度来划分不同的规格。

2.2.2 综合布线常用工具

1. 管槽安装工具

（1）电工工具箱

电工工具箱是布线施工中必备的工具,内有钢丝钳、尖嘴钳、斜口钳、剥线钳、一字螺丝批、十字螺丝批、测电笔、电工刀、电工胶带、活扳手、呆扳手、卷尺、铁锤、凿子、斜口凿、钢锉、钢锯、电工皮带、工作手套等。工具箱中还应常备诸如水泥钉、木螺丝、自攻螺丝、塑料膨胀管、金属膨胀栓等小材料。

（2）线盘

在施工现场特别是室外施工现场,由于施工范围广,不可能随地都能取到电源,因此要用长距离的电源线盘接电。线盘长度有 20 m、30 m、50 m 等型号。

（3）五金工具

线槽剪:线槽剪是 PVC 线槽专用剪,剪出的端口整齐美观。

台虎钳:台虎钳是中小工件的锯割、凿削、锉削时的常用夹持工具之一。顺时针摇动手柄,钳口就会将工件(如钢管)夹紧;反时针摇动手柄,就会松开工作。

梯子:安装管槽及进行布线拉线工序时,常常需要登高作业。常用的梯子有直梯和人字梯两种。直梯多用于户外登高作业,如搭在电杆上和墙上安装室外光缆,后者通常用于户内登高作业,如安装管槽、布线拉线等。直梯和人字梯在使用之前,将梯脚绑缚橡皮之类的防滑材料,人字梯还应在两页梯之间绑扎一道防自动滑开的安全绳。

管子台虎钳:管子台虎钳又名龙门钳,是切割钢管、PVC 塑料管等管形材料的夹持工具。

管子切割器:在钢管布线的施工中,要大量地切割钢管、电线管,这时管子切割器便派上了用场。

管子钳:又称管钳,是用来在布线时安装钢管的工具,可用它来装卸电线管上的管箍、锁紧螺母、管子活接头、防爆活接头等。常用的管子钳规格有200 mm、250 mm 和 350 mm 等多种。

螺纹铰板：螺纹铰板又名管螺纹铰板，简称铰板，常见型号有 GJB-60W、WGJB-114W。螺纹铰板是铰制钢管外螺纹的手动工具，是重要的管道工具之一。

弯管器：用于弯管。手工弯管时很容易使管子断折或弯处变扁，使用弯管器方便省力而且美观，一般用于不锈钢管、铜管，不能用于塑料管。

活扳手：活扳手是可以在一定范围内调节开口大小的扳手。

呆扳手：固定开口大小的扳手。

棘轮扳手：棘轮扳手是一种手动螺钉松紧工具，由不同规格尺寸的主梅花套和从梅花套通过铰接键的阴键与阳键咬合的方式连接的。由于一个梅花套具有两个规格的梅花形通孔，可以用于两种规格螺钉的松紧，从而扩大了使用范围，节省了原材料和工时费用。活动扳柄可以方便地调整扳手使用角度。这种扳手用于螺钉的松紧操作，具有适用性强、使用方便和造价低的特点。

（4）电动工具

充电起子：充电起子是工程安装中经常使用的一种电动工具，既可当螺丝刀又能用作电钻，特别是带充电电池使用，不用电线，在任何场合都能工作。

手电钻：手电钻既能在金属型材上钻孔，也适用于在木材、塑料上钻孔，是在布线系统安装中经常用到的工具。手电钻由电动机、电源开关、电缆、钻孔头等组成。

冲击电钻：冲击电钻简称冲击钻，是一种旋转带冲击的特殊用途的手提式电动工具。

电锤：电锤以单相串激电动机为动力，适用于在混凝土、岩石、砖石砌体等脆性材料上钻孔、开槽、凿毛等作业。电锤钻孔速度快，而且成孔精度高。

电镐：电镐采用精确的重型电锤机械结构，具有极强的混凝土铲凿功能，比电锤功率大，具有更大的冲击力和震动力。电镐的减震控制使操作更加安全，并可调控冲击能量，适合多种材料条件下的施工。

射钉枪：射钉枪利用射钉器发射钉弹，使弹内火药燃烧释放出推动力，将专用的射钉直接钉入钢板、混凝土、砖墙或岩石基体中，从而把需要固定的钢板卡子、塑料卡子、PVC 槽板、钢制或塑制挂历墙机柜、布线箱永久或临时地固定好。

曲线锯：曲线锯主要用于锯割直线和特殊的曲线切口，它能锯割木材、PVC 和金属等材料。

角磨机：当金属槽、管切割后会留下锯齿形的毛边，会刺穿线缆的外套，此时可用角磨机将切割口磨平以保护线缆。角磨机同时也能当切割机用。

型材切割机：在布线管槽的安装中，常常需要加工角铁横担、割断管材，此时可用型材切割机进行这些操作。

台钻：切割桥架等材料后，往往还需要用台钻钻上新孔，从而与其他桥架连接安装在一起。

2. 线缆敷设工具

线缆在建筑物垂井或室内外管道中敷设时，需要借助一些工具来完成，下面主要介绍穿线用的穿线器，牵引、垂放线缆用的线轴支架、钓鱼线、滑车和牵引机等。

（1）穿线器

当在建筑物室内外的管道中布线时，如果管道较长、弯头较多和空间较少，要使用穿线器牵引线、绳。小型穿线器，适用于管道较短的情况；玻璃纤维穿线器，适用于管道较长的线缆敷设。

（2）线轴支架

大对数电缆和光缆一般都是包装在线缆卷轴上，放线时必须将线缆卷轴架设在线轴架上，并从顶部放线。

（3）钓鱼线

钓鱼线是一种玻璃纤维树脂线。它不仅柔软（可以穿过弯管和角落），又有刚性，可以拉着线缆穿过线管而不会断裂和打结。

（4）滑车

当线缆从上而下垂放时，为了保护线缆，需要一个滑车，保障线缆从线缆卷轴拉出后经滑车平滑地往下放线。

（5）牵引机

当大楼主干布线采用由下往上敷设时，需要用牵引机向上牵引线缆。牵引机有手摇牵引机和电动牵引机两种。当大楼楼层较高和线缆数量较多时，使用电动牵引机；当楼层较低且线缆数量少而轻时，可用手摇牵引机。电动牵引机能根据线缆情况，通过控制牵引绳的松紧随意调整牵引力和速度，牵引机的拉力计可随时读出拉力值，并有重负荷警报及过载保护功能。手摇牵引机是两级变速棘轮机构，安全省力，是最经济的选择。

3. 线缆端接工具

（1）双绞线端接工具

常用的双绞线端接工具主要有以下几种。

RJ45 接头：根据端接的双绞线类型，有不同的 RJ45 接头，如 5 类 /5e 类

RJ45 接头、6 类 RJ45 接头、非屏蔽 RJ45 接头和屏蔽的 RJ45 接头。

剥线器：剥线器不仅外形小巧且简单易用。只需把线缆放在相应尺寸的孔内并旋转 3～5 圈，即可除去线缆的保护套。

压线钳：包括 RJ45 单用压线钳和 RJ45+RJ1 双用压线钳等，后者适用于 RJ45、RJ1 水晶头的压接。压线钳有双绞线切割、剥离外护套、水晶头压接等多种功能。

单对 110 型打线钳：单对 110 型打线钳适用于缆线、110 型模块及配线的连接作业，使用时只需要简单地在手柄上推一下，就能将导线卡接在模块中，即完成端接过程。

5 对 110 型打线钳：5 对 110 型打线钳是一种简便快捷的 110 型连接端子打线工具，是 110 配线（跳线）架卡接连接模块的最佳手段，一次最多可以接 5 对的连接块，操作简单，省时省力，适用于缆线、跳接块及跳线架的连接作业。

测线仪：测线仪是专门用来对网线进行畅通性测试的工具。测线仪分为主、从两个部分，每个部分都有一个接口（或两种不同的接口类型）和一排指示灯。需要测试网线时，将制作好的网线两端分别插入两个部分的接口中。打开测线仪上的电源开关，这时测线仪就会通过内部的控制芯片由主面板发送测试信号到从面板上，如果网线畅通，两面板上对应的指示灯就会逐一闪烁。

手掌保护器：手掌保护器是一种专门的打线保护装置，将信息模块嵌套在保护装置后再对信息模块压接，既方便把双绞线卡入信息模块中，又起到隔离手掌、保护手的作用。

（2）光纤端接工具

光纤剥离钳：用于剥离光纤涂覆层和外护层。光纤剥离钳钳刃上的 V 形口用于精确剥离 250μm、500μm 涂敷层以及 900μm 缓冲层，第二开孔用于剥离 3 mm 尾纤外护层。所有的切端面都有精密的机械公差以保证干净、平滑地操作。不使用时可使刀口锁在关闭状态。

光纤剪刀：用于修剪光纤上的凯夫拉线。只可剪光纤线的凯夫拉层，不能剪光纤内芯线玻璃层及作为剥皮之用。

光纤接续子：用于尾纤接续、不同类型的光缆转接、室内外永久或临时接续和光缆应急恢复。光纤接续子是一种简单、易用的光纤接续工具，可以接续多模或单模光纤。它的特点是使用一种凸轮锁定装置，不需要任何黏合剂。它采用了光纤自对准专利技术，使两光纤接续时保持极高的对准精度。光纤接续子的操作方法是，剥纤并把光纤切割好，将需要接续的光纤分别插入光纤接续子内，直到它们相互接触，然后旋转凸轮锁紧并保护光纤。这个过程无须使用任何黏合剂或其他专用工具。

光纤熔接机：光纤熔接机主要用于光通信中光缆的施工和维护，主要是靠施放电弧将两头光纤熔化，同时运用准直原理平缓推进，以实现光纤模场的耦合。

光纤熔接盒：当光纤断掉或者不够长时，需要把里面玻璃丝一样的光纤体熔接起来，熔接时需要扒掉外面的保护层，所以就用一个熔接盒把光纤保护起来。

光纤熔接机选件及必备件有主机、AC 转换器 / 充电器、AC 电源线、监视器罩、电极棒、便携箱、操作手册、精密光纤切割刀、充电 / 直流电源和涂覆层剥皮钳。

其他光纤工具还有光纤固化加热炉、手动光纤研磨工具、光纤头清洗工具、FT300 光纤探测器、常用光纤工具包等。

4. 验收测试工具

综合布线系统的现场测试包括验证测试和认证测试。验证测试是测试所安装的双绞线的通断和长度；认证测试除了验证测试的全部内容外，还包括对线缆电气性能如衰减、近端串扰等指标的测试。因此布线测试仪分为两种类型，即验证测试仪和认证测试仪。验证测试仪用于施工的过程中，由施工人员边施工边测试，以保证所完成的每一个连接的正确性。此时只测试电缆的通断、电缆的打线方法、电缆的长度及电缆的走向。

（1）简易布线通断测试仪

最简单的电缆通断测试仪包括主机和远端机。测试时，线缆两端分别连接上主机和远端机，就能判断双绞线 8 芯线的通断情况，但不能定位故障点的位置。

（2）MicroMapper

MicroMapper 是一种小型手持式验证测试仪，可以方便地验证双绞线电缆的连通性，包括检测开路、短路、跨接、反接以及串绕等问题。只需按动测试按键，线序仪就可以自动地扫描所有线对并发现所有存在的线缆问题。当与音频探头配合使用时，内置的音频发生器可追踪到穿过墙壁、地板、天花板的电缆。

（3）MicroScanner

MicroScanner 是一种功能强大、专为解决电缆安装问题而设计的电缆验证仪，它可以检测电缆的通断、电缆的连接线序、电缆故障的位置等。Micro Scanner 可以测试同轴电缆及双绞线，测试时，产生四种音调来确定墙壁中、天花板上或配线间中电缆的位置。

（4）Fluke 620

Fluke 620 是一种单端电缆测试仪，使用它进行电缆测试时，不需在电缆的另一端连接远端单元即可进行电缆的通断、距离、串绕等测试。这样不必等到电缆全部安装完毕就可以开始测试，发现故障可以立即得到纠正，省时又省力。如果使用远端单元，则还可查出接线错误及电缆的走向等。

第 3 章　网络综合布线系统设计技术

由于综合布线系统和网络技术息息相关，在设计综合布线系统的同时必须考虑到使用的网络技术，也就是布线设计要和网络技术相结合，尽量做到两者技术性能上的统一，避免硬件资源浪费和冗余，充分发挥综合布线系统的优点。网络系统设计中物理网络设计是重要组成部分。物理网络设计的任务是为逻辑网络系统选择环境平台，包括综合布线系统设计和逻辑网络系统的设备选择。综合布线系统连接各种类型的网络设备，是网络设备正常运行的基本保障。综合布线是一种跨学科、跨行业的系统工程。

3.1　工作区子系统设计

3.1.1 工作区子系统设计要求

工作区布线一般为非永久性布线方式，一般不包括在综合布线系统工程的范围内。但从综合布线系统的整体性和系统性来看，它也是整个综合布线系统中不可缺少的组成部分，因此在综合布线系统工程中应予以考虑。关于工作区子系统设计国际和国内标准均提出了一些要求。

第一，确定系统的规模。应该确定布线系统的信息系统中信息插座的数量，既包括目前所需的数量，同时还应为将来扩充留出一定的余量。科学合理地确定信息插座的数量是十分重要的，这是其他子系统设计的出发点，应该既讲究经济合理性，又兼顾技术超前性。一般来讲，一个工作区的服务面积可按 5 ～ 10 m² 来计算，每个工作区可根据布线系统的设计等级或用户提出的要求来进行设置。

第二，信息插座应具有开放性，即信息插座应该支持电话机、计算机、数据终端以及监视等终端设备有效地工作。

第三，工作区中的信息插座技术指标必须符合相关标准，如衰减、近端串扰等。

第四，工作区电缆、跳线和设备连线的长度之和不得超过 10 m，其中跳线长度不得超过 5 m。

第五，RJ45 嵌入式信息插座与其旁边的电源插座应保持 20 cm 的距离。

第六，安装在墙壁上的信息插座应该距离地面 30 cm 以上。

第七，信息插座可安装在墙壁上、地板上、立柱上或工作区的其他地方。

第八，信息插座应该设置明显的永久性标记，对其线对分配及以后所有变化进行详细记录，方便维护时查找。当信息插座所连接的电缆线对少于四对时应专门加以标记，以便使用和维护时有所识别。

工作区适配器的选用应遵循以下原则。

第一，在设备连接器采用不同于信息插座的连接器时，需要使用专用电缆及适配器。

第二，在单一信息插座上进行两项服务时，可用"Y"形适配器。

第三，在水平子系统中选用的电缆类别（介质）不同于设备所需的电缆类别（介质）时，宜采用适配器。

第四，在连接使用不同信号的数模转换设备、光电转换设备及数据速率转换设备等装置时宜采用适配器。

第五，为了特殊的应用而实现网络的兼容性时，可用转换适配器。

第六，根据工作区内不同的电信终端设备（如 ADSL 终端）可以配备相对应的适配器。

3.1.2 工作区子系统设计方法

1. 信息插座安装位置和数量的确定

对于办公楼环境而言，办公空间有四壁的小房间也有大开间。对这两种形势下的工作区子系统的设计，应采用不同的方法。

第一，小房间不需要分隔板，信息插座只需安装在墙上，通常按每 10 m² 一个双孔信息插座进行设计。

第二，大开间要使用分隔板将其分隔成若干个小工作区，且可能随时变化，故信息插座的选用、安装方法和位置要受到隔段的影响。目前大开间的信息插座通常安装在高架地板或直接接到桌面。

在确定工作区设计等级和工作区数量后，所需要的信息插座总数量就不难确定了，通常留有 2% ～ 3% 的余量，取值视具体情况而定。

2. 工作区的布线方法

工作区的布线方法主要包括埋入式、高架地板式、护壁板式以及线槽式等几种方法。

（1）埋入式

在房间内埋设线缆有两种方式，一种是埋入地板嵌层中，一种是埋入墙壁内。在建筑施工或装修时，预先在墙壁或地板中埋入槽管，并在槽管内放置用于拉线的引线，便于日后布线。埋入式常用于新建建筑物工作区内布线。

（2）高架地板式

如果工作区地面采用高架地板，可以采用高架地板式布线。高架地板式布线在地板下走线，先在高架地板下安装布线槽，然后从走廊、墙壁或桥架中引入缆线穿入管槽，再连接至安装于地板的信息插座。也可在高架地板下直接布放线缆。该布线方式施工简单，管理和扩充方便，适合于面积较大且信息点数量较多的场合，如计算机、服务器机房。

（3）护壁板式

该布线方式是将布线管槽沿墙壁固定，并隐藏在护壁板内。护壁板式无需对墙面和地面进行剔挖，通常使用桌上式信息插座且只能沿墙壁布放，常用于面积不大且信息点数量较少的场合。

（4）线槽式

对于旧建筑，最简单方便的布线方式是在墙壁上敷设线槽来完成布线。当水平布线沿线槽从楼道进入工作区时，可以直接连接至工作区内的布线线槽中，也可再沿管道连接至墙壁上的信息插座。

3.1.3 工作区子系统设计流程

设计工作区子系统时，一般应遵循以下几个步骤：需求分析——阅读图纸——初步设计——工程造价概算——方案确认——正式设计。

1. 需求分析

需求分析是综合布线系统设计的首项工作。设计者应与建筑物的技术负责人和项目负责人进行技术交流，了解用户的需求，从建筑物的用途开始，按照楼层分析，再到楼层的各个工作区或者房间，明确每层每个工作区的用途和功能以及工作台位置、工作台尺寸、设备安装位置等信息，从而可以规划信息点的数量和位置。

2. 阅读图纸

阅读建筑物图纸，掌握建筑物的土建结构、强电路径、弱电路径，特别是主要电器设备和电源插座的安装位置，重点掌握在综合布线路径上的电器设备、电源插座、暗埋管线等，从而将信息插座设计在合理的位置，避免强电或电器设备等对网络综合布线的影响。

3. 初步设计

初步设计包括工作区面积的确定、信息点的配置、信息点的命名和信息点点数统计表的制作等。

4. 工程造价概算

工作区子系统的工程造价概算公式如下。

工程造价概算 = 信息点数量 × 信息点造价概算价格

例如，若工作区所需要的数据信息点为 56 个，如果每个信息点造价按 200 元计算，该工程的分项造价概算为 56×200=11200 元；语音信息点为 56 个，如果每个信息点造价按 120 元计算，该工程的分项造价概算为 56×120=6720 元。

5. 方案确认

初步设计方案主要包括信息点点数统计表和工作造价概算两个文件。这两个文件是综合布线系统工程设计的依据和基本文件，必须经过用户确认。用户确认的一般程序如下。

第一，整理信息点点数统计表。

第二，准备用户确认和签字文件。

第三，与用户交流和沟通。

第四，用户签字和盖章。

第五，设计方签字和盖章。

第六，双方存档。

用户确认签字文件一式四份，双方各两份。设计单位一份存档，一份作为设计资料。

6. 正式设计

正式设计的主要工作是准确设计每个信息点的安装位置，确认每个信息点的编号和名称，核对点数统计表并确认信息点数量等，从而为整个综合布线系统设计奠定基础。

第一，教学楼、学生公寓、实验楼、住宅楼等不需要进行二次区域分割的工作区，信息点宜设计在非承重的隔墙上，宜在设备使用位置或者附近。

第二，写字楼、商业、大厅等需要进行二次分割和装修的区域，信息点宜设置在四周墙面，也可以在中间的立柱上设置，要考虑二次隔断和装修时的扩展方便性与美观性。大厅、展厅、商业收银区在设备安装区域的地面宜设置足够的信息点插座。

第三，学生公寓等信息点密集的隔墙，宜在隔墙两面对称设置。

信息点的具体安装位置应以工作台为中心。工作台靠墙时，信息点插座设计在工作台侧面的墙面。工作台布置在房间的中间位置或者没有靠墙时，信息点插座设计在工作台下面的地面。对于集中或者开放式办公区域，信息点的设计应该以每个工位的工作台为中心，将信息插座安装在地面或隔断上。

此外，应在大门入口或者重要办公室门口设计门警系统信息点插座；在公司入口或者门厅设计指纹考勤机、电子屏幕使用的信息点插座；在会议室主席台、发言席、投影机位置设计信息点插座。

3.1.4 工作区子系统设计的相关硬件

1. 适配器

通常终端设备与配线子系统的信息插座之间连通的最简单方法是使用跳线，但有些终端设备由于插头、插座不匹配，或电缆线阻抗不匹配，不能直接插到信息插座上，这就需要选用适当的适配器，从而使应用系统的终端设备与综合布线配线子系统的缆线和信息插座相匹配，保持电气性能一致。

适配器是一种可将不同尺寸或不同类型的插头，与水平子系统的信息插座相匹配的设备。同时它可以提供引线的重新排列、允许大对数电缆分成较小对数以及把电缆连接到应用系统设备接口上。

总体而言，目前综合布线系统使用的适配器，都没有统一的国际标准，但各种产品大都能互相兼容，所以在应用时可根据应用系统的终端设备选用适当的适配器。

2. 信息插座

通常工作区子系统内的信息插座都是电缆的终结点，是终端设备的连接接口。在应用时可用一端带有 8 针的插头软线插入水平子系统一端的插座上，另一端就可以用双绞线跳线连接到插座上。

信息插座为水平子系统布线和工作区子系统布线之间提供可管理的边界和

端口。常用的信息插座为 8 脚模块化信息插座，共分为基本型、增强型和综合型三种类型。目前，电话机插座安装的是一对线，而信息插座（RJ45）安装的是四对线，目的是增加布线的灵活性。

在实际的应用中，信息插座的类型主要包括以下几种：三类信息插座模块、五类信息插座模块、超五类信息插座模块、六类信息插座模块、光纤信息插座模块、多媒体信息插座模块等。

其接线方式根据不同的接线标准可分为 T568A 接线方式和 T568B 接线方式。

当确定信息插座的类型后，就可以确定信息插座的安装方式。工作区信息点的信息插座在安装时建议安装在离地 30 cm，离电源 20 cm 的位置，工作区信息点的信息底盒暗装于墙体中，并和电源插座处在同一平行位置，以保证整体的美观协调。

信息插座面板分为单口面板插座、双口面板插座、多媒体面板插座、光纤面板插座等，下面主要介绍 RJ45 信息插座面板和信息插座模块。

（1）信息插座面板

材料：产品材料采用优质工程塑料，阻燃、抗冲击、耐腐蚀。

规格：86 型单口或双口，与 RJ45 模块配套。

结构：面板上自带防尘盖。

标识：面板带有语音数据标识功能。

安装：可安装数据非屏蔽模块 / 屏蔽模块及光纤模块。

其他：符合 ULw94-0 阻燃型 ABS 认证（美国材料防火等级认证）。

（2）信息插座模块

模块化设计的信息插座模块使其特别适合安装在通信标准机柜或信息插座接线盒内，设计特点如下。

第一，与固定的 IBDN 水平线缆配合时，有极好的电气特性。

第二，能灵巧吻合地连接至 AM 系列插座面板、桌面安装盒及 AP4006 机柜式配线架上。

第三，可选 90°（垂直）或 180°（平行）安装方式。

第四，M302.6 系列配线架模块 IC4 对端子按 45° 对斜角（X）形排列，能更好地和十字骨架结构线缆配合，达到更高的传输性能。

第五，多种颜色选择，标签有助于快捷、准确地安装。

第六，新设计的后侧面盖板可防止脏污，确保连接完全可靠。

第七，更宽的分线走道以便安装时更灵活、更方便。

第八，标准：ISO/IEC 11801、TIA/EIA 568-B。

信息插座模块安装指南说明如下。

1）六类模块端接准备

第一，准备好电缆并插入线对，橙色线、绿色线对布线于左侧，蓝色线、棕色线对布线于右侧。

第二，拉紧线对使护套端接底部。

第三，线对必须在没有交叉和重排列的情况下直接进入入口。

注意：从电缆的一端，绿色线及棕色线对穿入孔内，从电缆的另一端，橙色线及蓝色线对穿入孔内。

2）底部线对端接至前方位置

第一，把底部线对固定在适当位置并松开线对。

第二，把底部线对紧紧地拉入槽口。

3）底部线对端接在后方位置

第一，通过分割器向后紧拉线对。

第二，把底部线对固定在适当位置并松开线对。

第三，把底部线对紧紧地拉入槽口。

4）模块端接的步骤

第一，使用相同的方法把最上方的线对定位在预留位置上。

第二，使用相同的方法定位另一端。

第三，禁止使用边缘切割机。

第四，使用 110 MPa 冲压机的切削侧（设为高冲击）。

第五，使用一个小螺栓起子把金属箔线推入接地接槽内，将金属箔线绕在分割器上。

第六，修剪金属箔线，嵌入底部外壳。

第七，从后端插销嵌入顶部外壳。

第八，如有需要，修剪金属箔。

3.2 水平子系统设计

3.2.1 水平子系统设计概述

所谓水平子系统是指从工作区的信息插座到管理间子系统配线架间的部分。水平子系统设计涉及的介质主要有传输介质和部件，其主要内容包括线路走向、线缆、线槽、管的数量和类型、电缆的类型和长度、订购电缆和线槽、打吊杆走线槽时所需吊杆数量、不用吊杆走线槽时所需托架数量。

其中，线路走向的确定一般需要由用户、设计人员、施工人员根据现场建筑物的物理位置和施工难易程度来确定；而管的数量和类型、电缆的类型和长度一般在总体设计时便已确立，但考虑到产品质量和施工人员的误操作等因素，在配置施工材料时要留出一定量的冗余来。

3.2.2 水平子系统设计要求

水平子系统的设计要求，主要包括水平子系统长度及转接点要求两部分内容。

第一，水平子系统布线的线路长度不得超过 90 m，水平跳线之和（工作区跳线，配线面板跳线）不超过 10 m，在具体设计时设计者需根据建筑物的结构特点，从室内美观、路由（线）最短、造价最低、施工方便、布线规范等方面进行综合考虑，从而确定水平子系统的最佳布线方案。

第二，水平子系统中不允许有转接点，且语音和数据电缆要区分开，干线线缆的交接不应超过两次，电缆的限制距离和带宽不能满足需要时应使用光缆。

3.2.3 水平子系统设计步骤

1. 布线路由的选定

对于水平子系统布线路由的选择需要根据建筑物结构、用途及最终用户使用要求而定。一般情况下水平子系统布线路由方案主要有三种类型。

第一，直接埋管式。

第二，先走吊顶内线槽（或桥架）再走支管到信息出口的方式。

第三，适合大开间及后打隔断的地面线槽方式。

其余的布线方案都是这三种布线方式的改良型或综合型。

在设计时，具体选择哪种方案要依据实际情况而定。

第一，对于高档次建筑物，一般都有天花板，水平走线可在天花板（吊顶）内进行。

第二，对于普通建筑物，水平子系统的布线路由方案采用的是地板下管道布线方法。

无论采用哪种布线路由方案，其原则都是各种管线尽量敷设在暗处，以确保室内美观。

2. 信息插座数量和类型的确定

一般来说工作区信息插座数量和类型的确定，多是根据最终用户实际需要安装的 IO 设备的数量和类型而定。通常情况下，对于信息插座数量的计算，是根据综合布线系统设计等级来估算的，因此需要确定综合布线系统的设计等级，而设计等级又分为基本型、增强型和综合型，若采用基本型，则可按每 10 m² 空间面积内设计一个信息插座的原则进行；若采用增强型和综合型，则需要按每 10 m² 空间面积内设计两个信息插座的原则进行，其中一个用于话音，另一个用于数据。

信息插座类型选定的原则如下。

第一，单个三类线连接的 4 芯插座用于基本型低速率系统。

第二，单个五类线连接的 8 芯插座用于基本型高速率系统。

第三，双个三类线连接的 4 芯插座用于增强型低速率系统。

第四，双个五类线连接的 8 芯插座用于增强型高速率系统。

通常情况下新建建筑物一般选用嵌入式的信息插座进行安装；而已有建筑物则采用在表面安装信息插座的方式，具体应用时也可以根据用户需要采用嵌入式信息插座。

3. 缆线的布线距离

水平子系统信道的最大长度不应大于 100 m。其中水平缆线长度不大于 90 m，一端工作区设备连接跳线不大于 5 m，另一端设备间（电信间）的跳线不大于 5 m，如果两端的跳线之和大于 10 m，水平缆线长度（90 m）应适当减少，以保证水平子系统信道最大长度不大于 100 m。

另外，水平缆线、建筑物主干缆线及建筑群主干线缆三部分缆线之和不应大于 2000 m。

4. 集合点的设置

在进行网络设计时，不允许设置集合点，增加集合点会对信道的通信质量产生影响。但在实际施工过程中，当需要增加集合点时，同一个水平电缆上只允许有一个集合点，而且集合点与楼层配线架之间水平线缆的长度应大于 15 m。

集合点的端接模块或配线设备应安装在墙体或柱子等固定的位置，不允许随意放置在线槽或线管内，更不允许暴露在外面。

5. 缆线的布放材料选择

在水平子系统中，缆线必须安装在线槽或者线管内。在建筑物墙或者地面内暗设布线时，一般选择线管，不允许使用线槽。选择线管时，建议使用满足布线根数需要的最小直径线管，这样能够降低布线成本。在建筑物墙明装布线时，一般选择线槽，很少使用线管。选择线槽时，建议宽高之比为 2 ∶ 1，这样布出的线槽较为美观、大方。

缆线布放在管与线槽内的管径与截面利用率，应根据不同类型的缆线进行不同的选择。管内穿放大对数电缆或 4 芯以上光缆时，直线管路的管径利用率应该为 50% ～ 60%，弯管路的管径利用率应为 40% ～ 50%。管内穿放 4 对对绞电缆或 4 芯光缆时，截面利用率应为 25% ～ 35%，布放缆线在线槽内的截面利用率应为 30% ～ 50%。

6. 布线弯曲半径要求

布线中如果不能满足最低弯曲半径要求，双绞线电缆的缠绕节距会发生变化，严重时，电缆可能会损坏，直接影响电缆的传输性能。缆线的弯曲半径应符合以下规定。

第一，非屏蔽 4 对对绞电缆的弯曲半径应至少为电缆外径的 4 倍。

第二，屏蔽 4 对对绞电缆的弯曲半径应至少为电缆外径的 8 倍。

第三，主干对绞电缆的弯曲半径应至少为电缆外径的 10 倍。

第四，2 芯或 4 芯水平光缆的弯曲半径应大于 25 mm。

第五，光缆容许的最小曲率半径在施工时应当不小于光缆外径的 20 倍，施工完毕时应当不小于光缆外径的 15 倍。

第六，其他芯数的水平光缆、主干光缆和室外光缆的弯曲半径应至少为光缆外径的 10 倍。

7. 布线与其他缆线、设备的间距要求

在水平子系统中，经常出现综合布线电缆与电力电缆平行布线的情况，为了减少电力电缆的电磁场对网络系统的影响，综合布线电缆与电力电缆接近布线时，必须保持一定的距离。

第一，当 380 V 电力电缆小于 2 kVA，双方都在接地的线槽中，且平行长度小于或等于 10 m 时，最小间距可为 10 mm。

第二，双方都在接地的线槽中，是指两个不同的线槽，也可在同一线槽中用金属板隔开。综合布线电缆与附近可能产生高电平电磁干扰的电动机、电力变压器、射频应用设备等电器设备之间应保持必要的间距，为了减少电器设备的电磁场对网络系统的影响，综合布线电缆与这些设备布线时，必须保持一定的距离。

8. 其他防护

《综合布线系统工程设计规范》规定了综合布线的其他防护，具体如下。

第一，综合布线系统应根据环境条件选用相应的缆线和配线设备，或采取防护措施，并应符合下列规定。首先，当综合布线区域内存在的电磁干扰场强低于 3 V/m 时，宜采用非屏蔽电缆和非屏蔽配线设备。其次，当综合布线区域内存在的电磁干扰场强高于 3 V/m 时，或用户对电磁兼容性有较高要求时，可采用屏蔽布线系统和光缆布线系统。最后，当综合布线路由上存在干扰源，且不能满足最小净距要求时，宜采用金属管线进行屏蔽，或采用屏蔽布线系统及光缆布线系统。

第二，在电信间、设备间及进线间应设置楼层或局部等电位接地端子板。

第三，综合布线系统应采用共用接地的接地系统，如单独设置接地体，接地电阻不应大于 4 Ω；如布线系统的接地系统中存在两个不同的接地体，其接地电位差不应大于 1 V（r.m.s）。

第四，楼层安装的各个配线柜（架、箱）应采用适当截面的绝缘铜导线单独布线至就近的等电位接地装置，也可采用竖井内等电位接地铜排引到建筑物共用接地装置，铜导线的截面应符合设计要求。

第五，若缆线在雷电防护区交界处，屏蔽电缆屏蔽层的两端应做等电位连接并接地。

第六，综合布线的电缆采用金属线槽或钢管敷设时，线槽或钢管应保持连续的电气连接，并应有不少于两点的良好接地。

第七，当缆线从建筑物外面进入建筑物时，电缆和光缆的金属护套或金属件应在入口处就近与等电位接地端子板连接。

第八，当电缆从建筑物外面进入建筑物时，应选用适配的信号线路浪涌保护器，信号线路浪涌保护器应符合设计要求。

9. 缆线的选择

水平子系统缆线主要根据传输信息的类型、容量、带宽和传输速率来确定，优先选择 4 对双绞线对称电缆，如有高端速率要求的终端，可采用光纤到桌面的方案。

由于水平子系统的布线是被封闭在吊顶、墙面或地面中的，更换困难，可被视为永久性系统，在测试中有"永久链路"测试。因此在选择缆线时，要从长远角度出发，选择较高规格的双绞线电缆，以保证用户不必破坏建筑去维修更换水平子系统。如果用户提出便于更改的要求，可设计活动地板、走吊顶等。

根据 TIA/EIA 568-B 标准，水平子系统可用以下四种缆线。

第一，4 线对 100 非屏蔽双绞线对称电缆。

第二，4 线对 100 屏蔽双绞线对称电缆。

第三，双束或多束 50/125μm 多模光缆。

第四，双束或多束 62.5/125μm 多模光缆。

另外，在选择缆线、连接硬件、跳线、模块、信息插座时，类型必须一致，如超五类的双绞线必须搭配超五类模块。

10. 缆线用量的估算

确定信息插座的数量，根据建筑物的平面图计算出每层楼的工作区数量以及整个建筑的工作区总量，结合用户对综合布线系统信息量的需求，决定该建筑所采用的设计等级，估算出整个建筑信息点的总数。

根据建筑物的用途、平面设计图、楼层配线间的位置及楼层配线间所服务的区域、集合点的位置、布线方式、信息插座的安装位置，设计水平子系统的布线路由。

按照水平子系统对缆线及长度的要求，在楼层配线间到工作区的信息插座之间，优先选择 4 对双绞线电缆，在配线间和集合点之间，可选用 25 对大对数双绞线电缆。但因为水平电缆不易更换，还是应按照用户长远需求配置较高类型的双绞线电缆。

水平电缆的估算主要包括以下几点。

第一，确定布线方法和路由。

第二，确定楼层配线间和二级交接间所服务的区域。

第三，确认离楼层配线间最远距离的信息插座位置的最长电缆走线（A）。

第四，确认离楼层配线间最近距离的信息插座位置的最短电缆走线（B）。

第五，按照可能采用的电缆路由测量每个最长及最短连接电缆走线距离，

计算平均电缆长度 $L=(A+B)/2$。

第六，计算上下浮动电缆长度 $S=L \times 10\%$。

第七，确定每个配线间的端接容差（C，一般取 $3 \sim 6\,m$）。

第八，确定工作区落差长度（D）。

第九，计算每个配线间所服务区域的总平均电缆长度 $T=L+S+C+D$。

第十，计算每箱电缆走线数（N）。

第十一，计算每个服务区域电缆用量（箱）$M=HN$（H 为服务区域信息点数）。

第十二，建筑物水平子系统总用线量为每个服务区用线量总和。

3.2.4 水平子系统布线材料及布线方案

水平子系统通道有如下两种选择：管道方法和托架方法。在进行低矮而又宽阔的单层建筑物的水平子系统通道设计时可选择采用。

1. 管道方法

管道方法是指在管道干线系统中利用金属管道来安放和保护电缆。管道由吊杆支撑，一般是间距 $1\,m$ 左右的一对吊杆，因此，吊杆的总量应为水平干线长度的 2 倍。

在开放式通道和横向干线走线系统中（如穿越地下室），管道对电缆起机械保护作用。管道不仅有防火的优点，而且它提供的密封和坚固的空间使电缆可以安全地延伸到目的地。

但是，管道很难重新布置，因而不太灵活，同时，造价也较高，必须事先进行周密的计划以保证管道粗细合适，并能延伸到正确的地点。由于相邻楼层上的干线接线间存在水平方向的偏距，因此出现了垂直的偏距通路，而金属管道也允许把电缆拉入这些垂直的偏距通路。

2. 托架方法

托架方法有时也叫电缆托盘，它们是铝制或钢制部件，外形像梯子。如果把电缆托盘搭在建筑物的墙上，就可以供垂直电缆走线；如果把电缆托盘搭在天花板上，就可供水平电缆走线。

使用托架走线槽时，一般是间距 $1 \sim 1.5\,m$ 安装一个托架，电缆放在托架上，由水平支撑件固定，必要时还要在托架下方安装电缆绞接盒，以保证在托架上方已装有其他电缆时可以接入电缆。

3.2.5 水平子系统的布线方式

水平子系统的布线是将线缆从管理间子系统的配线间接到每一楼层的工作区的信息输入/输出插座上，因此布线系统设计者需要根据建筑物的结构特点，从路由（线）最短、造价最低、施工方便、布线规范等几个方面进行综合考虑。由于建筑物中的管线比较多，往往会遇到一些矛盾，所以设计水平子系统时必须折中考虑，择优选择最佳的水平布线方案。通常水平子系统的布线方式包括如下三种类型。

1. 直接埋管式

直接埋管式是由一系列密封在现浇混凝土里的金属布线管道或金属线槽组成的。这些金属管道或金属线槽从水平间向信息插座的位置辐射。根据通信和电源布线的要求、地板厚度和占用的地板空间等条件，直接埋管布线方式可能要采用厚壁镀锌管或薄型电线管，这种方式在老式的设计中非常普遍。现代楼宇不仅有较多的电话语音点和计算机数据点，而且语音点与数据点还可能要求互换，以增加综合布线系统使用的灵活性。因此综合布线的水平线缆比较粗，对于目前使用较多的 SC 镀锌钢管及阻燃高强度 PVC 管，建议线缆容量为70%。

在实际应用中直埋管槽的尺寸不宜太大，否则会导致地面垫层过于增厚，所以唯一可行的解决方案就是增加管槽数量，但其后果就是越靠近管理间的位置，管槽的数量就会越多，从而在走廊中形成排管。由此可见采用直接埋管式的方式存在很多缺点，主要包括布线距离短、地板垫层过厚、增容难度大和施工工艺要求高等。所以在现代大型建筑物中，直接埋管式的布线方法已经逐渐被架空式代替，仅被应用于地下层、信息点数量较少或没有吊顶的场合。

2. 架空式

架空式即先走吊顶内线槽，再走支管到信息出口的方式。

架空式敷设用的线槽由金属或阻燃高强度 PVC 材料制成，有单件扣合式和双件扣合式两种类型。线槽通常悬挂在天花板上方的区域，用于大型建筑物时，布线系统会比较复杂且需要有额外支持物。用横梁式线槽将电缆引向所要布线的区域。由弱电井出来的缆线先走吊顶内的线槽，到各房间后，经分支线槽从横梁式电缆管道分支后，将电缆穿过一段支管引向墙柱或墙壁，贴墙而下到本层的信息出口（或贴墙而上，在上一层楼板打孔，将电缆引到上一层的信息出口），末端接在用户的插座上。

在设计、安装线槽时，应尽量将线槽放在走廊的吊顶内，通向各房间的支管应适当集中至检修孔附近，便于维护。一般走廊处于中间位置，布线的平均距离最短，节约线缆费用，提高综合布线系统的性能（线越短传输的质量越高），尽量避免线槽进入房间，影响房间装修，且不利于以后的维护。

弱电线槽可包含的布线系统有综合布线系统、公用天线系统、闭路电视系统（24 V 以内）以及楼宇自控系统。信号线等弱电线缆可以降低工程造价，同时由于支管经房间内吊顶贴墙而下至信息出口，在吊顶与其他系统管线交叉施工，减少了工程协调量。

由于桥架是开放式结构，因此无论是布线施工还是日后进行网络维护都非常方便，并能适应网络大规模扩充的需要。架空式布线方法是目前应用最为广泛的水平布线方法。

3. 地面线槽方式

适合大开间及后打隔断的地面线槽方式就是，弱电井出来的线通过地面线槽到地面出线盒，或由分线盒出来的支管到墙上的信息出口。由于地面出线盒或分线盒或柱体直接走地面垫层，因此这种方式适用于大开间或需要打隔断的场合。地面线槽方式就是将长方形的线槽打在地面垫层中，每隔 4～8 m 拉一个过线盒或出线盒（在支路上出线盒起分线盒的作用）直到信息出口的出线盒。线槽有两种规格：70 型外形尺寸 70 mm×25 mm，有效截面积 1470 mm^2，占空比取 30%，可穿插 24 根水平线（3、5 类混用）；50 型外形尺寸 50 mm×25 mm，有效截面积 960 mm^2，可穿插 15 根水平线，分线盒与过线盒均有两槽或三槽分线盒拼接。

此外，由于大开间的水平布线方式多用于商业区或办公区，因此在设计时可采用多用户信息插座和转接点的布线方式。采用转接点的布线方式，水平布线长度应小于 100 m，转接点不设跳线，也不接有源设备；同条水平电缆路由不允许超过一个集合点或转接点；从集合点引出的水平电缆必须终接于工作区的信息插座或多用户信息插座上。

采用地面线槽方式（适合大开间及后打隔断方式）的优点主要包括：布线容易，信息出离弱电井的距离不受限制；强、弱电可以同路由；比较适合大开间或需打隔断的场合；有利于提高商业楼宇的档次。

因此大开间办公已成为现代社会流行的管理模式，并且只有高档楼宇才能提供这种大开间办公室。尽管其优点较多，但地面线槽方式的缺点也比较明显，如不适合楼层中信息点特别多的场合；不适合石质地面；造价昂贵等。

3.3 垂直子系统设计

3.3.1 垂直子系统设计概述

垂直子系统由连接主设备间至各楼层配线间之间的线缆构成。其功能是把各分层配线架与主配线架相连；其任务是通过建筑物内部的传输电缆，把各个楼层管理间的信号通过设备间和终端接口通往外部网络；其目的是用主干电缆提供楼层之间通信的通道，使整个布线系统组成一个有机的整体，既满足当前需求，又适应今后发展需要。垂直子系统的布线结构通常采用分层星形拓扑结构，即每个楼层配线间均需采用垂直主干线缆连接到大楼主设备间，而垂直主干线缆和水平系统线缆之间的连接需要通过楼层管理间的跳线来实现。

垂直子系统设计范围主要包括以下几点。

第一，各楼层管理间与设备间之间的电缆。

第二，使用的竖向或横向通道。

第三，主设备间与计算机中心主机房间的电缆。

第四，主设备间与建筑物电缆入口之间的电缆等。

此外，在设计时应该尽量使干线电缆的位置位于建筑物的中心位置，同时缆线不应布放在电梯、供水、供气、供暖和强电等竖井中。

3.3.2 垂直子系统的拓扑结构

垂直子系统有下列几种常见的拓扑结构。

1. 星形结构

主配线架为中心节点，各楼层配线架为星节点，每条链路从中心节点到星节点都与其他链路相对独立，可以集中控制访问策略，目前最常见。其优点是维护管理容易，重新配置灵活，故障隔离和检查容易；缺点是施工量大，完全依赖中心节点。

2. 总线结构

所有楼层配线架都通过硬件接口连接到一个公共干线（总线）上，如消防报警系统。总线仅仅是一个无源的传输介质，楼层配线间内的设备负责处理地址识别和进行信息处理。此结构布线量少，扩充方便，但故障诊断与隔离困难。

3. 环形结构

各楼层配线间的有源设备相接成环，各节点无主次之分，分单环和双环两种。信息以分组信息发送，适宜于分布式访问控制。电缆总长度短，常见于光纤，但访回控制协议复杂，节点故障可能引发系统故障。

4. 树形结构

所谓树形结构就是指多层的星形结构。

3.3.3 垂直子系统设计要求

垂直子系统由设备间子系统、管理间子系统和水平子系统引入口设备之间相互连接的电缆组成。它是建筑物内的主干电缆，是楼层之间垂直（或水平）干线电缆的统称，其设计要求主要包括以下内容。

1. 共享原则的确定

在确定垂直子系统所需要的电缆总对数之前，必须确定电缆中语音和数据信号的共享原则。对于基本型每个工作区可选定 2 对双绞线电缆，对于增强型每个工作区可选定 3 对双绞线电缆，对于综合型每个工作区可在基本型或增强型的基础上增设光缆系统。

2. 干线路由的确定

垂直子系统的布线走向应选择干线电缆最短和最经济的路由方式。由于建筑物一般有两大类型的通道——封闭型和开放型。封闭型通道是指一连串上下对齐的交接间，每层楼都有一间，电缆竖并、电缆孔、管道和托架等穿过这些房间的地板层。每个交接间通常还有一些便于固定电缆的设施和消防装置，所以在选择布线路由时最好选择带门的封闭型通道敷设干线电缆；开放型通道是指从建筑物的地下室到楼顶的一个开放空间，中间没有任何楼板隔开，如通风通道或电梯通道，不能敷设垂直子系统电缆。

3. 端接方式的确定

垂直子系统的干线电缆可采用点对点端接，也可采用分支递减端接以及电缆直接连接方式。其中，点对点端接是最简单、最直接的接合方法，因为垂直子系统每根干线电缆直接延伸到指定的楼层和交接间；分支递减端接是用一根足以支持若干个交接间或若干楼层通信容量的大容量干线电缆，经过电缆接头保护箱分出若干根小电缆，它们分别延伸到每个交接间或每个楼层，并端接于目的地的连接硬件。电缆直接连接方法是特殊情况使用的技术，一种情况是一个楼层的所有水平端接都集中在干线交接间；另一种情况是二级交接间太小，在干线交接间完成端接。

4. 不同干线线缆用途的区分

当设备间与计算机机房处于不同的地点，而且需要把语音电缆连至设备间，把数据电缆连至计算机机房时，应在设计中选取干线电缆的不同部分来分别满足不同路由语音和数据的需要。

5. 强弱电线缆要区别对待

弱电线缆一定要与强电电源线分开敷设，可以与电话线及电视天线放在一个线管中，在布线的拐角处不能将网线折成直角，以免影响正常使用。

6. 网络设备必须分级连接

主干线是多路复用的，不可能直接连接到用户端设备，所以不必安装太多的缆线。如果主干距离不超过 100 m，当网络设备主干高速端口选用 RJ45 铜缆口时，可以采用单根 8 芯五类或六类双绞线作为网络主干线。

7. 主干线路总容量的确定

要确定主干线路的总容量，应根据布线系统中话音和数据信息共享的原则以及采用类型的等级（即智能建筑中的基本型、增强型和综合型，智能化小区中的普及型、先进型和领先型）进行估算，并适当考虑以后的扩展需求。

3.3.4 垂直子系统设计建议

在设计时应该考虑下列几条设计建议。

第一，在确定垂直子系统所需要的电缆总对数之前，必须确定电缆中语音和数据信号的共享原则。

第二，对于语音，主干线和水平配线（馈线／配线）的推荐比例为 1∶2；对于数据，推荐比例为 1∶1；对于主干电缆（语音和数据系统），为将来扩容考虑，通常应有 20% 的余量。

第三，确定每层楼的干线电缆要求，根据不同的需要和预算选择干线电缆类别。

第四，应选择干线电缆最短、最安全和最经济的路由，宜选择带盖的封闭通道敷设干线电缆。

第五，干线电缆可采用点对点端接，也可采用分支递减端接以及电缆直接连接的方法，当然也可混合端接。点对点接合是最简单、最直接的结合方法，但是由于干线中的各根电缆长度不同、粗细不同，因此设计难度大。其优点是在干线中可采用较小、较轻、较灵活的电缆，不必使用昂贵的接线盒，故障范围可控；其缺点是干线线缆数目较多。分支结合方法是由干线电缆中一根很大的主馈电缆，经过绞线盒分出若干根小电缆，分别接到邻近楼层的配线间。其优点是干线中的主馈线数目较少，可节省时间，成本低于点对点结合方式。

第六，如果设备间与计算机机房处于不同的地点，而且需要把语音电缆连接至设备，把数据电缆连接至计算机机房，则宜在设计中选择干线电缆的不同部分来分别满足语音和数据的需要。

第七，注意防火、阻燃、强绝缘、防屏蔽、防鼠咬，合理接地，加强防护强度，紧固防震。根据我国国情和标准规范要求，一般采用通用型电缆，外加金属线槽敷设。特殊场合可采用增强型电缆敷设。

第八，尽量选购单一规格的大对数电缆，一方面可以批量采购，另一方面可以减少浪费。

第九，干线电缆的长度可用比例尺在图纸上实际量得，也可用等差数列计算。每段干线电缆长度要有备用部分（约 10%）和端接容限（可变）的考虑。相对于水平子系统来说，毕竟干线电缆的数量较少，一般根据大楼的楼层高度进行计算会更准确一些。

3.3.5 垂直子系统设计步骤

1. 确定干线线缆类型及线对

垂直子系统中，线缆应根据布线环境的限制和用户对综合布线系统设计等级来选择。目前，针对电话语音传输，一般采用三类大对数对绞电缆（25 对、50 对、100 对等规格）；针对数据和图像传输采用光缆或 5 类以上 4 对双绞线电缆以及 5 类大对数对绞电缆；针对有线电视信号的传输采用 $75\,\Omega$ 同轴电缆。由于大对数线缆对数多，很容易造成相互间的干扰，因此很难制造超 5 类以上的大对数对绞电缆，为此，6 类网络布线系统通常使用 6 类 4 对双绞线电缆或光缆作为主干线缆。在选择主干线缆时，还要考虑主干线缆的长度限制，如 5 类以上 4 对双绞线电缆应用于 100 Mbit/s 的高速网络系统时，电缆长度不宜超过 90 m，否则宜选用单模或多模光缆。

垂直子系统中的电缆总对数和光纤总芯数应满足工程的实际需求，并留有适当的备份容量。主干线缆宜设置电缆与光缆，并互做备份路由。在垂直子系统设计中常用以下 5 种线缆：4 对双绞线电缆（非屏蔽双绞线或屏蔽双绞线）；大对数对绞电缆（非屏蔽双绞线或屏蔽双绞线）；62.5/125 μm 多模光缆；8.3/125 μm 单模光缆；$75\,\Omega$ 有线电视同轴电缆。

2. 路径的选择

垂直子系统宜选择带门的封闭型通道敷设干线线缆。主干电缆宜采用点对点终接，也可采用分支递减终接。如果建筑物内的语音和数据分别使用不同的设备间，宜采用不同的主干线缆来分别满足语音和数据的需要。如果同层有若干个管理间（电信间），则应在这些管理间（电信间）之间设置干线路由。

目前，垂直型的干线布线路由主要采用电缆孔和电缆井两种方法。对于单层平面建筑物水平型的干线布线路由主要采用金属管道和电缆托架两种方法。

垂直子系统垂直通道有下列三种方式可供选择。

第一，电缆孔方式。通道中所用的电缆孔都是很短的管道，通常将一根或数根外径为 63～102 mm 的金属管预埋在楼板内，金属管高出地面 25～50 mm，也可直接在地板中预留一个大小适当的孔洞。电缆往往捆在钢绳上，而钢绳固定在墙上已铆好的金属条上。当楼层配线间上下都对齐时，一般可采用电缆孔方法。

第二，管道方式。明管或暗管敷设。

第三，电缆竖井方式。在新建工程中，推荐使用电缆竖井的方式。电缆井是指在每层楼板上开出一些方孔，一般宽度为 30 cm，并有 25 cm 高的井栏，具体大小要根据所布线的干线电缆数量而定。与电缆孔方式一样，电缆也是捆扎或箍在支撑用的钢绳上，钢绳由靠墙上的金属条或地板三脚架固定。离电缆井很近的墙上的立式金属架可以支撑很多电缆，电缆井比电缆孔更为灵活，可以让各种粗细不一的电缆以任何方式布设通过。但在建筑物内开电缆井造价较高，而且不使用的电缆井很难防火。

3. 线缆容量配置

在确定每层楼的干线类型和数量时，要根据楼层水平子系统所有的各个语音、数据、图像等信息插座的数量来进行计算。具体的计算原则如下。

第一，语音干线可按一个电话信息插座至少配 1 个线对的原则进行计算，在总需求线对的基础上至少预留约 10% 的备用线对。

第二，计算机网络干线线对容量的计算原则是：电缆干线按 24 个信息插座配 2 对对绞线，每一个交换机或交换机群配 4 对对绞线；光缆干线按每 48 个信息插座配 2 芯光纤。

第三，当楼层信息插座较少时，在规定长度范围内，可以多个楼层共用交换机，并合并计算光纤芯数。

第四，如有光纤到用户桌面的情况，光缆直接从设备间引至用户桌面，干线光缆芯数应不包含这种情况下的光缆芯数。

第五，主干系统应留有足够的余量，以作为主干链路的备份，确保主干系统的可靠性。

第六，建筑物与建筑群配线设备处各类设备线缆和跳线的配备宜符合如下规定：设备线缆和各类跳线，宜按计算机网络设备的使用端口容量和电话交换机的实装容量、业务的实际需求或信息点总数的比例来进行配置，比例范围为 25% ～ 50%。

各类跳线可按以下原则选择与配置。

第一，电话跳线宜按每根 1 对或 2 对对绞电缆容量配置，跳线两端连接插头采用 DC 或 RJ45 型。

第二，数据跳线宜按每根 4 对对绞电缆配置，跳线两端连接插头采用 DC 或 RJ45 型。

第三，光纤跳线宜按每根 1 芯或 2 芯光纤配置，光跳线连接器件采用 ST、SC 或 SFF 型。

4. 线缆敷设保护

线缆不得布放在电梯或供水、供气、供暖管道竖井中，不应布放在强电竖井中。电信间、设备间、进线间之间的干线通道应沟通。

5. 线缆的端接和交接

干线电缆可采用点对点端接，也可采用分支递减端接以及电缆直接连接。点对点端接是最简单、最直接的接合方法。

干线电缆点对点端接是每根干线电缆直接延伸到指定的楼层配线管理间或二级交接间。分支递减端接是用一根足以支持若干个楼层配线管理间或若干个二级交接间的通信容量的大容量干线电缆，经过电缆接头交接箱分出若干根小电缆，再分别延伸到每个二级交接间或每个楼层配线管理间，最后端接到目的地的连接硬件上。

为了便于综合布线的路由管理，干线电缆、干线光缆布线的交接不应多于两次。从楼层配线架到建筑群配线架之间只应通过一个配线架，即建筑物配线架（在设备间内）。当综合布线只用一级干线进行配线时，放置干线配线架的二级交接间可以并入楼层配线间。

6. 确定通道规模

在大型建筑物内，通常使用的垂直子系统通道由一连串穿过配线间地板且垂直对准的通道组成。

确定垂直子系统的通道规模主要就是确定干线通道和配线间的数目。确定的依据是综合布线系统所要覆盖的可用楼层面积。如果给定楼层的所有信息插座都在配线间的 75 m 范围之内，应采用单干线接线系统。单干线接线系统就是采用一条垂直干线通道，每个楼层只设一个配线间。如果有部分信息插座超出配线间的 75 m 范围之外，则应采用双通道垂直子系统，或者采用经分支电缆与设备间相连的二级交接间。

如果同一幢大楼的配线间上下不对齐，则可采用大小合适的线缆管道系统将其连通。

3.4 管理间子系统设计

3.4.1 管理间子系统概述

管理间子系统由交连互联和模拟 / 非模拟设备组成，它为连接其他子系统提供手段，是垂直子系统和水平子系统的缆线的互相连接点，其主要设备是配线架、交换机、机柜和电源。

管理间子系统包括楼层配线间、二级交接间、建筑物设备间的线缆、配线架及相关接插跳线等。通过综合布线系统的管理间子系统，可以直接管理整个应用系统终端设备，从而实现综合布线的灵活性、开放性和可扩展性。

管理间主要为楼层安装配线设备（机柜、机架、机箱等）和楼层计算机网络设备（集线器（HUB）或交换机（SW））的场地，并可考虑在该场地设置缆线竖井等电位接地体、电源插座、UPS 配电箱等设施。

在场地面积满足的情况下，也可设置建筑物安防与消防、建筑设备监控、无线信号等系统的布线线槽和功能模块，如果综合布线系统与弱电系统设备合设于场地，从建筑物的角度，一般也称其为弱电间。

3.4.2 线路管理交连方案

管理交连方案有单点管理和双点管理两种。在不同类型的建筑物中常采用单点管理单交连、单点管理双交连和双点管理双交连等不同的管理交连方式。

1. 单点管理单交连

所谓单点管理是指在整个综合布线系统中，只有一个点可以进行线路交连操作。交连指的是在两场间做偏移型跨接，改变原来的对应线对。单点管理单交连方式只有一个管理点，交连设备位于设备间内的交换机附近，电缆直接从设备敷设到各个楼层的信息点。一般交连设置在设备间内，采用星形拓扑结构，由它来直接调度控制线路，实现对模拟 / 非模拟的变动控制。单点管理单交连方式属于集中管理型，使用场合较少。

2. 单点管理双交连

单点管理双交连方式在整个综合布线系统中也只有一个管理点。单点管理位于设备内的交接设备或互连设备附件，通常对线路不进行跳线管理，直接连接到用户工作区或交接间中的第二个硬件接线交连区。

所谓双交连就是指水平电缆和十线电缆，或十线电缆与网络设备的电缆都打在端子板不同位置的连接块的里侧，再通过跳线把两组端子连接起来，跳线打在连接块的外侧，这是标准的连接方式。

单点管理双交连的第二交连接在交接间用硬接线实现。如果没有交接间，第二个交连区可放在用户指定的墙壁上。单点管理双交连方式采用星形拓扑结构，属于集中式管理。

3. 双点管理双交连

当建筑物规模比较大（机场、大型商场、酒店、办公楼、住宅小区等）、信息点比较多时，多采用二级交接间，配成双点管理双交连方式。双点管理除了在设备间有一个管理点之外，在交接间或用户的墙壁上再设第二个可管理的交连接（跳线）。

双交连要经过二级交连设备。第二个交连接可以是一个连接块，它对一个连接块或多个终端块（其配线场与站场各自独立）的配线和站场进行组合。双点管理双交连的第二个交连接用作配线。

双点管理属于集中、分散管理，适应于多管理、维护有主次之分、各自的范围明确的场合，可在两点实施管理，以减轻设备间的管理负担。双点管理双交连方式是目前管理系统普遍采用的方式。

3.4.3 管理间子系统的设计原则及设计步骤

1. 管理间子系统的设计原则

管理间子系统的设计应包括管理交接方案、管理连接硬件和管理标记，所以在设计管理间子系统的布线方案时，应遵循以下原则。

第一，通常情况下，管理间子系统宜采用单点管理双交连，交接场（电信间标志）的结构取决于工作区、综合布线系统规模和所选用的硬件。

第二，在管理规模比较大、比较复杂、有二级交接间时，需要设置双点管理双交连。

第三，根据应用环境用标记插入条来标出各管理点的端接场。

第四，交接区应有良好的标记系统，如建筑物名称、位置、区号，布线起始点和应用功能等标记。

第五，交接间及二级交接间的配线设备需采用色标区别各类用途和配线区。

2. 管理间子系统的设计步骤

在设计管理间子系统时，通常可采用如下步骤进行设计。

第一，选择 110 型硬件并确定其规模。

第二，确定话音和数据线路要端接的电缆对总数，并分配语音或数据线路所需的墙场或终端条带。

第三，确定管理间的信息点连接方式。

第四，管理标记方案的实施。

尽管综合布线系统使用了电缆标记、场标记和插入标记三种标记，但插入标记是最常用的。无论如何，所有的标记方案均应规定各种参数和识别步骤，以便查清交接场的各种线路和设备端接点。

为了有效地进行线路管理，标记方案通常由最终用户、系统管理人员进行制定，同时在标记方案完成后需作为技术文件存档。

3.4.4 管理间子系统的硬件设备

在设计综合布线系统时，应该考虑在每一楼层都设立一个管理间用来管理该层的信息点，摒弃以往几层共享一个管理间子系统的做法，这也是布线的发展趋势。

管理间主要放置了集线器、交换机、配线架和语音 S110 集线面板等网络连接及管理设备。管理间子系统提供了与其他子系统连接的手段，使得管理员有可能安排或重新安排路由，通信线路能够延续到建筑物内部的各个信息插座，以实现综合布线系统的管理。

3.4.5 管理间子系统的标签编制

管理间子系统是综合布线系统的线路管理区域，该区域往往安装了大量的线缆、管理器件及跳线，为了方便以后线路的管理工作，管理间子系统的线缆、管理器件及跳线都必须做好标记，以标明位置、用途等信息。完整的标记应包含以下信息：建筑物名称、位置、区号起始点和功能。

1. 电缆标记

电缆标记主要用来标明电缆来源和去处，在电缆连接设备前电缆的起始端和终端都应做好电缆标记。电缆标记由背面为不干胶的白色材料制成，可以直接贴到各种电缆表面上。其规格尺寸和形状根据需要而定。

例如，一根电缆从三楼的 311 房的第一个计算机网络信息点拉至楼层管理间，则该电缆的两端应标记上"311-D1"的标记，其中"D"表示数据信息点。

2. 场标记

场标记又称为区域标记，一般用于设备间、配线间和二级交接间的管理器件上，以区别管理器件连接线缆的区域范围。它也是由背面为不干胶的材料制成，可贴在设备醒目的平整表面上。

3. 插入标记

插入标记一般在管理器件上，如 110 配线架、BIX 安装架等。插入标记是硬纸片，可以插在 1.27 cm×20.32 cm 的透明塑料夹里，这些塑料夹可安装在两个 110 接线块或两根 BX 条之间。

每个插入标记都用色标来指明所连接电缆的起始地，这些电缆端接于设备间和配线间的管理场。对于插入标记的色标，综合布线系统有较为统一的规定。

通过不同色标可以很好地区别各个区域的电缆，方便管理间子系统的线路管理工作。

3.5　建筑群子系统设计

3.5.1 建筑群子系统概述

21 世纪，正处在一个信息革命和知识经济的时代。随着我国经济、生产力的发展和人们生活水平的提高，学生宿舍除了满足学生最基本的居住要求外，还必须满足学习、娱乐、会客、健身、获取信息等多项需求，学生们对生活的舒适性、便利性、安全性和高效性提出了更高的要求，带有一定智能性的学生公寓小区的概念由此产生。

智能建筑的概念起源于美国，同时美国也是智能建筑发展最为迅猛的国家。继美国之后，日本的智能建筑行业也得到了飞速发展。在中国，引进智能建筑的概念较晚，但发展速度却极为迅猛。

一个国家的信息化程度及民众对信息化的接受程度直接代表着这一国家的发达程度。曾几何时，中国人的居住环境不再是灰色的火柴盒式的筒子楼，不再有四世同堂的尴尬，不再瑟缩于钢筋丛林的包围，学生宿舍也不再是简单的八人一间，新一代的学生公寓成为各个学校关心的热点。

良好的房型结构、采光透气、绿化布局、小区环境、配套设施、物业管理、交通便利等软件功能是考量的首位。另外，随着信息技术的飞速发展，学生宿舍已经超越了其基本的休憩功能，变成学习之外的生活、娱乐中心。智能型的学生公寓小区的出现正好适应了这个社会需求。

建筑群子系统将一个建筑物中的线缆延伸到建筑物群的另一些建筑物中的通信设备和装置上，电缆、光缆和入楼处线缆上过流过压的电气保护设备等相关硬件组成了建筑群综合布线系统。

3.5.2 建筑群子系统的设计原则

第一，建筑群子系统中，建筑群配线架等设备是安装在屋内的，而其他所有线路设施都设在屋外，受客观环境和建设条件影响较大。

第二，由于综合布线系统中，大多数采用有线通信方式，一般通过建筑群子系统与公用通信网连成整体。从全程全网来看，建筑群子系统也是公用通信网的组成部分，它们的使用性质和技术性能基本一致，其技术要求也是相同的。因此，建筑群子系统的设计要从保证全程全网的通信质量来考虑，不应只以局部的需要为基点。

第三，建筑群子系统的缆线是室外通信线路，其建设原则、网络分布、建筑方式、工艺要求以及与其他管线之间的配合协调，均与所属区域内的其他通信管线要求相同，必须按照本地区通信线路的有关规定办理。

第四，建筑群子系统的缆线敷设在校园式小区或智能化小区内，成为公用管线设施时，其建设计划应纳入该小区的规划，具体分布应符合智能化小区的远期发展规划要求（包括总平面布置）；且与近期需要和现状相结合，尽量不与城市建设和有关部门的规定发生矛盾，使传输线路建设后能长期稳定、安全可靠地运行。

第五，在已建或正在建的智能化小区内，如已有地下电缆管道或架空通信杆路，应尽量设法利用。与该设施的主管单位（包括公用通信网或用户自备设施的单位）进行协商，采取合用或租用等方式。这样可避免重复建设，节省工程投资，小区内管线设施减少，有利于环境美观和小区布置。

3.5.3 建筑群子系统的设计要求

第一，建筑群子系统设计应注意所在地区的整体布局。由于智能建筑群所处的环境一般对美化要求较高，对于各种管线设施都有严格规定，要根据小区建设规划和传输线路分布，尽量采用地下化和隐蔽化方式。

第二，建筑群子系统设计应根据建筑群用户信息需求的数量、时间和具体地点，采取相应的技术措施和实施方案。在确定缆线的规格、容量、敷设的路由以及建筑方式时，务必考虑要使通信传输线路建成后保持相对稳定，并能满足今后一定时期信息业务的发展需要。为此，必须遵循以下几点要求。

首先，线路路由应尽量选择距离短、平直，并在用户信息需求点密集的楼群经过，以便供线和节省工程投资。

其次，线路路由应选择在较永久性的道路上敷设，并应符合有关标准规定以及与其他管线和建筑物之间的最小净距要求。除因地形或敷设条件的限制必须与其他管线合沟或合杆外，与电力线路必须分开敷设，并有一定的间距，以保证通信线路安全。

最后，建筑群子系统的主干缆线分支到各幢建筑物的引入方式，应尽量采用地下敷设。如不得已而采用架空方式（包括墙壁电缆引入方式），应采取隐蔽引入，其引入位置宜选择在房屋建筑的后面等不显眼的地方。

3.5.4 建筑群子系统设计要求

1. 环境美化要求

建筑群子系统设计应充分考虑建筑群覆盖区域的整体环境美化要求，建筑群干线电缆尽量采用地下管道或电缆沟敷设方式。

2. 建筑群未来发展要求

线缆布线设计时，要充分考虑各建筑需要安装的信息点种类和数量，选择相对应的干线电缆的类型以及电缆敷设方式，使综合布线系统建成后，保持相对稳定，能满足一定时期内各种新的信息业务发展需要。

3. 路由的选择要求

考虑到节省投资，应尽量选择距离短、线路平直的线缆路由。但具体的路由还要根据建筑物之间的地形或敷设条件而定。在选择路由时，应考虑已铺设的各种地下管道，线缆在管道内应与电力线缆分开敷设，并保持一定间距。

4. 电缆引入要求

建筑群干线电缆、光缆进入建筑物时，都要设置引入设备，并在适当位置终端转换为室内电缆、光缆。引入设备应安装必要的保护装置以达到防雷击和接地的要求。干线电缆引入建筑物时，应以地下引入为主，如果采用架空方式，应尽量采取隐蔽方式引入。

5. 布线方法

（1）架空布线法

架空布线法通常应用于有现成电杆和对电缆的走线方式无特殊要求的场合。这种布线方式造价较低，但影响环境美观，且安全性和灵活性不足。架空布线法要求用电杆将线缆在建筑物之间悬空架设，一般先架设钢丝绳，然后在钢丝绳上挂放线缆。架空布线使用的主要材料和配件有缆线、钢缆、固定螺栓、固定拉攀、预留架、U形卡、挂钩、标志管等，在架设时需要使用滑车、安全带等辅助工具。

架空线缆敷设的一般步骤如下。

第一，电杆以 30 ～ 50 m 的间隔距离为宜。

第二，根据线缆的质量选择钢丝绳，一般选 8 芯钢丝绳。

第三，接好钢丝绳。

第四，架设线缆。

第五，每隔 0.5 m 架一个挂钩。

（2）直埋布线法

直埋布线法是指根据选定的布线路由在地面上挖沟，然后将线缆直接埋在沟内的布线方法。直埋布线的电缆除了穿过基础墙的那部分电缆有管保护外，电缆的其余部分直埋于地下，没有保护。

直埋电缆通常应埋在距地面 0.6 m 以下的地方，或按照当地城管等部门的有关法规施工。当建筑群子系统采用直埋沟内敷设时，如果在同一个沟内埋入了其他的图像、监控电缆，应设立明显的共用标志。

（3）地下管道布线法

地下管道布线是一种由管道和入孔组成的地下系统，它把建筑群内的各个建筑物进行互连，是一根或多根管道通过基础墙进入建筑物内部的结构。地下管道对电缆起到很好的保护作用，因此电缆受损坏的机会少，且不会影响建筑物的外观及内部结构。

管道埋设的深度一般在 0.8 ～ 1.2 m，或符合当地城管等部门有关法规规定的深度。为了方便日后的布线，管道安装时应预埋一根拉线，以供以后的布线使用。为了方便线缆的管理和人员维护，地下管道应间隔 50 ～ 180 m 设立一个接合井。接合井可以是预制的，也可以是现场浇筑的。

此外，安装时至少应预留 1 或 2 个备用管孔，以供扩充之用。

（4）隧道内电缆布线

在建筑物之间通常有地下通道，大多是供暖或供水的，利用这些通道来敷设电缆不仅成本低，而且可以利用原有的安全设施。

如考虑到暖气泄漏等问题，电缆安装时应与供气、供水、供电的管道保持一定的距离，安装在尽可能高的地方，可根据民用建筑设施的有关条件进行施工。

3.5.5 建筑群子系统布线需求

建筑群子系统可以看作整个综合布线系统的"神经中枢"。在大型园区建筑群的网络建设中，若要把两个或更多的建筑物的通信链路互连起来，通常是在楼与楼之间敷设室外光缆。这样，大型园区的核心网络是整个园区网络的生命线，以前只有 20% 的局域网通信到达核心网，大多数的运算由个人计算机完成，文件也在本地保存和访问，文件共享的情况很少。然而时至今日，情况发生了翻天覆地的变化，据估计，全部通信量的 80% 需要通过园区核心网进行传输。现在的应用采取集中服务，用户的文件被存储在服务器上，文件共享和共用的情况十分普遍。各类网络视频应用需求的成倍增加，以及个人计算机多媒体处理能力的增强，都加大了核心网络的负担，它必须能处理这一日益增长的需求。

大型园区的核心网络必须能够提供高速数据交换，要求具有较高的可靠性、稳定性和易扩展性等，必须提供高性能、高可靠的网络结构。通常会采用可靠性高的环形网络拓扑结构，或冗余的网状拓扑结构，作为整个园区构建"神经中枢"的核心网络平台。

在布线标准中，定义了两种连接方式。一种是互连连接，另一种是交叉连接。交叉连接增加一个连接点，虽然互连连接在提高传输性能的同时，经济性更强，但是交叉连接所具有的管理便利性与可靠性却是互连连接所无法比拟的。

使用交叉连接方式，可以将两端连接的光缆固定不动，视为永久连接。当需要进行移动添加和更换时，维护人员只需变更配线架之间的跳线，而互连连接则难以避免同时插拔交换机与配线架端口的跳线的需要。

对于网络的核心，快速恢复、降低误操作以及保证设备端口正常运行是最基础的环境要求，交叉连接无疑是最佳选择。毕竟，在日常维护时尽量避开接触敏感的设备端口无疑是明智的。只有交叉连接方式是最可靠、最灵活和持久的连接方式。

3.5.6 建筑群子系统线缆的选择和保护

1. 建筑群子系统的线缆选择

建筑群数据网的主干线缆一般应选用多模或单模室外光缆，芯数不少于 12 芯，并且宜用松套型、中央束管式。建筑群数据网的主干线缆与电信公用网连接时，应采用单模光缆，芯数应根据综合通信业务的需要而定。

建筑群数据网主干线缆如果选用双绞线，一般应选择高质量的大对数双绞线。当从建筑群配线架至建筑物配线架使用双绞线电缆时，总长度不应超过 1500 m。

对于建筑群语音网的主干线缆，一般可选用三类大对数电缆。

2. 建筑群子系统的线缆保护

当线缆从一座建筑物接到另一座建筑物时，要考虑易受到雷击、电源触地、电源感应电压或地电压上升等因素的影响，必须用保护器进行保护。如果电气保护设施位于建筑物（不是对电信公用设施实行专门控制的建筑物）内部，那么所有保护设备及其安装装置都必须有 UL 安全标记。

有些方法可以确定线缆是否容易受到雷击或电源的损坏，也可以确定有哪些保护器可以防止建筑物、设备和连线因火灾和雷击而遭到毁坏。

当发生下列任何情况时，线路就会被暴露在危险的境地。

第一，雷击所引起的干扰。

第二，工作电压超过 300 V 以上而引起的电源故障。

第三，地电压上升到 300 V 以上而引起的电源故障。

第四，60 Hz 感应电压值超过 300 V。

如果出现上述所列情况之一，就应对其进行保护。

线缆不遭雷击的条件如下。

第一，所在地区每年遭受雷、暴雨袭击的次数只有 5 天或更少，而且大地的电阻率小于 100 Ω·m。

　　第二，建筑物的直埋线缆小于 42 m，而且线缆的连续屏蔽层在线缆的两端都接地。

　　第三，线缆处于已接地的保护伞之内，此保护伞是由邻近的高层建筑物或其他高层结构所提供的。

第4章　网络综合布线系统施工设计

要进行网络布线，必须进行系统的施工设计，这也是关系到网络布线施工成功的重要内容。本章即从施工管理和线缆施工两个方面，展开对网络综合布线系统施工设计的研究。

4.1　网络综合布线施工管理

4.1.1 施工前的准备

1. 准备技术资料

①熟悉综合布线系统工程设计、施工、验收的规范要求，掌握综合布线各子系统的施工技术以及整个工程的施工组织技术。

②熟悉施工图纸。施工图纸是工程人员施工的依据，因此施工人员必须熟悉施工图纸，理解图纸设计的内容，掌握设计人员的设计思想。只有对施工图纸了如指掌，才能确定布线的走向位置，明确工程的施工要求、工程所需的设备和材料，以及明确与土建工程及其他安装工程的交叉配合情况，确保施工过程不破坏建筑物的外观，不与其他安装工程发生冲突。

③熟悉与工程有关的技术资料。技术资料包括厂家提供的说明书和产品测试报告、技术规程、质量验收评定标准等内容。

④技术交底。在施工或分部（项）工程开工前，向施工人员进行施工技术交底，其目的是把综合布线工程的设计内容、施工计划、施工流程和施工技术要求等，详尽地向施工人员讲解说明，这是落实计划和技术责任制的必要措施。

技术交底的时间应在单位工程或分部（项）工程开工前，并及时进行以保证工程严格按照设计图纸、施工组织设计、安全操作规范和施工验收规范等要求进行施工。

技术交底的内容有工程施工进度计划、施工流程、施工组织设计，尤其是施工工艺质量标准、安全技术措施、降低成本措施和施工验收规范的要求，图纸会审中所确定的有关部位的时间变更和技术核定等事项。

交底工作应该按照管理系统逐级进行，交底的方式有书面形式、口头形式和现场示范形式等。

⑤编制施工方案。在全面熟悉施工图纸的基础上，依据图纸并根据施工现场情况、技术力量及技术准备情况，综合做出合理的施工方案。

⑥编制工程预算。工程预算具体包括工程材料清单和施工预算。

⑦制定施工进度表。

2. 检查施工环境

在工程施工之前，必须对楼层配线间、二级交接间、设备间的建筑和环境条件进行检查，具备下列条件方可开工。

①楼层配线间、二级交接间、设备间、工作区土建工程已全部竣工，室内墙壁已充分干燥，房门锁和钥匙齐全。

②房屋地面平整光洁，预留暗管、地槽和孔洞的数量、位置、尺寸均应符合工艺设计要求。

③楼层配线间、二级交接间、设备间应提供可靠的电源和接地装置。

④对于在铺设活动地板的设备间，应对活动地板进行专门检查，地板板块铺设必须严密坚固，符合安装要求，每平方米水平允许偏差不应大于 2 m，地板支柱牢固，活动地板防静电措施的接地应符合设计和产品说明要求。

⑤楼层配线间、二级交接间、设备间的面积，环境温湿度、照明、防火等均应符合设计要求和相关规定。

3. 场地准备

施工前，施工现场应安装好临时供电系统，准备好临时的作业和办公场所，包括加工制作场、器材库房、现场办公室等。

（1）加工制作场

在管槽施工阶段，根据设计的布线路由，需要对管槽材料标准件进行切割和加工，管槽加工制作场为工程施工提供管槽切割和加工场所。

（2）器材库房

器材库房是设置在施工现场的用于存放施工器材的场所。

（3）现场办公室

现场办公室是工程现场施工指挥管理的办公场所。通常配置有办公设备、电话等。

4.检验施工设备、器材、仪表和工具

工程施工前应认真对施工器材进行检查，经检验的器材应做好记录，对不合格的器材应单独存放，以备检查和处理。

（1）检验配线设备

①机柜或机架上的各种零件应完整、清晰，表面如有脱落应及时补漆，如有损坏应及时更换。

②各种配线设备的型号、规格应符合设计，各类标志应统一、清晰。

③各种配线设备的部件应完整无损，并安装到位。

（2）检验型材、管材和铁件

①各种型材的材质、规格、型号应符合设计文件的规定，表面应光滑、平整，不得变形、断裂。预埋金属线槽、过线盒、接线盒及桥架表面涂覆或镀层均匀、完整，不得变形、损坏。

②若管材采用钢管、硬质 PVC 管时，其管身应光滑、无伤痕，孔径、壁厚应符合设计要求，且管孔无变形。

③若管道采用水泥管道，应按通信管道工程施工及验收中相关规定进行检验。

④各种铁件的材质、规格均应符合质量标准，不得有歪斜、扭曲、飞刺、断裂或破损。

⑤铁件的表面处理和镀层应均匀、完整，表面光洁，无脱落、气泡等缺陷。

（3）检验线缆

①工程中所用的电缆、光缆的规格、型号应符合设计的规定和合同要求。

②线缆的外护套应完整无损，芯线无断线和混线，并应有明显的色标。

③对于外套具有阻燃特性的电缆，应取一小截进行燃烧测试。

④对进入施工现场的线缆应进行性能抽测。抽测方法可以采用随机方式抽出某一段电缆（最好是 100 m），然后使用测线仪器进行各项参数的测试，以检验该电缆是否符合工程所要求的性能指标。

（4）检验仪表和工具

综合布线工程施工中经常使用的仪表和工具有电钻、电锤、切割机、网络测试仪、线缆端接工具、光纤熔接机等。

4.1.2 施工的主要步骤

1.勘察现场

这一阶段的主要任务是，与用户协商布线需求，现场勘察建筑，根据用户提出的信息点位置和数量要求参考建筑平面图、装修平面图等资料，结合设计方案对布线施工现场进行勘察，初步预定信息点数目与位置，进行主干路由和机柜的初步定位。勘察对象包括建筑结构、机房（设备间）和配线管理间的位置、走线路由、电磁环境、布线设施外观等。此外，走线路由还应考虑工程的隐蔽性和对建筑物的破坏性（如打过墙眼），争取利用现有空间的同时避开电源线路和其他线路，确保施工的可行性并减少施工的工作量。

2. 规划设计

工程的规划设计将对布线的整个过程产生决定性影响。因此，首先应根据调研结果，综合考虑费用预算、应用需求、施工进度等，制订出详细的设计方案。其次，在综合布线系统专业标准和法规的指导下，充分考虑网络设计方案对布线系统的要求，对布线系统总体进行可行性分析，如对空间距离、带宽、信息点密度等指标进行分析。最后，对各个子系统进行详细设计。此外，如果楼群正在筹建中，应当及时提出综合布线方案，根据整体布局、走线路由情况对建筑设计提出特定的要求（如楼与楼之间的主干通道连接，楼层之间通道的走线规格、管道预埋等）以确保后面的施工顺利进行。

如果布线系统设计方案存在重大缺陷，一旦施工完成，将造成无法挽回的损失。因此，施工方案的评审也应当由用户、网络方案设计人员、布线工程人员共同参与，如果发现可能存在的问题，必须在方案修改后再进行评审，直到形成最终方案。

3. 经费预算

根据规划设计计算用料和用工，综合考虑设计实施中的管理操作等的费用，提出预算、工期以及施工方案的安排。

4. 指定工程负责人和工程监理

指定工程负责人和工程监理，负责规划备料、备工、用户方配合要求等方面的事宜，制定各部门配合的时间表，负责内外协调的施工组织管理。

5. 现场施工

现场施工是综合布线工程的实现阶段，包括土建施工和技术安装。其中，土建施工主要是钻孔、走线、信息插座定位、机柜定位、制作布线标记系统等内容。技术安装主要是机柜内部安装、打信息模块、打配线架，机柜内部布置要求整齐合理、分块鲜明、标志清楚，以便今后维护。

6. 测试验收

该阶段的主要任务是根据相应的布线系统测试标准规范，用电缆、光缆测试仪对布线系统进行各项技术指标的现场验收测试。被测对象通常有水平链路、垂直链路和骨干链路。在水平链路中，被测的对象多数是电缆，主要检测从用户面板插座至配线架插座这段链路的接线图、长度、衰减量、近端串扰、传播延迟等参数是否符合测试标准中规定的要求。在垂直链路中，被测的对象是垂直子系统中的光缆和大对数电缆，光缆的测试多以一级测试（即损衰减长度测试）为主。在骨干链路中，被测对象多数是光缆，主要测试建筑群间的光纤，常以一级测试为主。

7. 文档管理

工程验收完后，必须提供给客户验收报告单，内容包括材料实际用量表、测试报告书、机柜配线图、楼层配线图、信息点分布图以及光纤、语音和视频主干路由图等，以便为日后的维护提供数据依据。

8. 布线维护

当综合布线系统的通信线路和连接硬件出现故障时，应当快速做出响应，提供现场维护排除故障点，并根据客户需要对现有布线系统进行扩充和修改。

综合布线工程施工是实施布线设计方案、完成布线网络的关键环节，为了保证布线施工的顺利进行，在工程开工前必须准备好各种技术资料、检查好施工环境并检验施工设备器材及仪表工具。

4.1.3 施工组织管理

网络综合布线系统的施工必须建立相应的施工组织机构。施工组织机构的建立应遵循以下原则：根据工程的规模、结构特点和复杂程度，确定施工组织机构的人员和数量，坚持合理分工与密切配合的原则，该组织机构应是由有施工经验、工作效率高的人员组成的高效团体。各级人员岗位职责如下。

1. 总经理岗位职责

负责整个工程的人员组织安排和处理工地现场重大事故，保证工程进度。

2. 项目经理岗位职责

全面负责该工程的质量、进度、成本、机具、人员的安排调配，是工地安全生产、防火防盗的第一负责人。协调工地各方的关系，代表单位全面处理、办理工程的变更签证。在组织工程项目施工过程中，主动接受业主、监理工程师、单位领导和上级有关部门的工作检查。

认真贯彻执行国家有关劳动保护法令及制度和本单位安全生产的规章制度。按规定做好安全防范措施，落实安全生产。在各种经济承包中保证安全生产，做到讲效益必须讲安全，抓生产先抓安全，定期组织现场施工人员进行安全学习。

定期对照建筑施工安全检查表、施工进度表和质量报检表，经常检查施工进度，对施工现场的人、财、物全面管理，认真检查并及时处理事故隐患。制定分级安全管理技术措施，确保施工全过程的安全。发生重大伤亡事故、重大未遂事故时，要保护现场，立即报告，参加事故调查。处理填表上报，落实整改措施，不隐瞒、不虚报、不拖延报告，不擅自处理。工地建立安全岗位责任制和防火措施，督促有关人员做好施工安全各项技术资料。

按照开工日期及人力需求计划，组织人员现场施工，保证施工进度计划，协助驻工地工程师协调施工中的问题。

3. 工程师岗位职责

对技术负责人负责，对其设计的系统进行全面专业的技术支持、技术协调、调试及试运行，深化施工图设计和技术变更，执行施工图纸，指导施工并负责单机、联机设备调试。负责整理各类验收设备的图纸文件审核，负责操作人员培训、系统维护等。确保系统调试成功，性能指标达到设计、使用要求。

4. 施工主管岗位职责

作为常驻工地代表，直接对项目经理负责，在保证工程质量的前提下抓好生产进度；对施工质量负责，在项目经理授权下协调现场有关施工单位的施工问题，遵守工序质量制度，保证不合格工序未整改前不进入下道工序：对工序管理引起的质量问题负责，对工序质量做好记录并定期上报。

参与图纸会审和技术交底，配合项目经理安排好每天的生产工作，对班组成员进行全面的技术交底。按规范及工艺标准组织施工，保证进度及施工质量和施工安全。组织隐蔽工程验收和分项工程质量评定。对因设计或其他变更引起的工程量的增减和工期变更进行签证，并及时调整部署。

严格控制进场材料的质量，坚决杜绝不合格材料进入施工现场。做好工人的考勤及施工工作记录，填写施工日志。组织好生产过程的各种原始记录及统计工作，保证各种原始资料的完整性、准确性和可追溯性。填写施工进度日志、质量报表、工程进度表、施工责任人签到表、工程领料单等。

5. 物料仓库管理员岗位职责

负责对工地工具、材料、设备的码放，对出入库物资进行账簿登记，做到账物相符。注意标识、储存和防护。施工中一时不能用完的材料设备可退库或在库房另保存，做好记录。发现不合格产品时分开存放，及时上报或退回公司库存。负责工具领用、更换、损耗、损坏产品退换的手续，及时向供应部要求补货。

6. 质量安全检查员岗位职责

在项目经理的领导下，负责检查和监督施工组织设计的质量保证措施的实施，组织建立各级质量监督体系。严格按图纸施工，以标准规定检验工程质量，判断工程产品的正确性，做出合格的结论。对因错、漏检造成的质量问题负责。对不合格产品按类别和程度进行分类，做出标识，及时填写不合格品通知单、返工通知单、废品通知单，做好废品隔离工作。监督施工过程中的质量控制情况，做好被检查品和部位的检验标识，发现质量问题及时反映，正确填写工序质量表，做好各种原始记录和数据处理工作，对所填写的各种数据、文字问题负责。

7. 施工队长岗位职责

负责并组织综合布线系统的线缆、管道和线槽的安装，合理安排施工人员，保证施工进度。

8. 施工人员岗位职责

严格按图纸和施工规范的要求进行操作，对不执行工艺与操作规范而造成的质量事故和不合格产品负责。保证个人质量指标的完成，出现质量问题及时向施工主管或项目经理反映，对不及时自检和不及时反映问题造成的不合格产品负责。注意保护成品，控制材料使用，保证生产安全，严防出现安全生产事故，遵守安全用电规定、电动工具和登高用具的安全操作规程。

4.1.4 施工现场管理及应注意的问题

1. 材料管理

①做好材料采购前的工作。
②控制各分项工程的材料使用。
③严格管理材料领取、入/出库、投料、用料、补料、退料和废料回收等环节。
④由项目经理直接负责材料操作消耗特别大的工序。
⑤对部分材料实行包干使用，制定节约有奖、超耗则罚的制度。

⑥及时发现并解决材料使用浪费、出入库不计量、生产中超额用料和废品率高等问题。

⑦实行特殊材料以旧换新、领取新料由材料使用人或负责人提交领料原因的管理办法。

2. 安全管理

①建立安全生产岗位责任制。

②安全员必须每半个月在工地现场举行一次安全会议。

③进入施工现场必须严格遵守安全生产纪律，严格执行安全生产规程。

④项目施工方案要分别编制安全技术措施。

⑤严格遵守施工现场安全用电制度。

⑥电动工具必须要有保护装置和良好的接地保护线。

⑦注意安全防火。

⑧登高作业时，一定要系好安全带，并有人进行监护。

⑨建立安全事故报告制度。

3. 施工现场管理应注意的问题

施工现场督导人员要认真负责，及时处理施工进程中出现的各种情况，协调处理各方意见。如果施工现场碰到不可预见的问题，应及时向工程单位汇报，并提出解决问题的方法供工程单位当场研究解决，以免影响工程进度。对工程单位计划不周的问题，应及时妥善解决。对工程单位新增加的点要及时在施工图中反映出来。对部分场地或工段要及时进行阶段检查验收，确保工程质量。

在两个终端有多余的电缆时，应按照需要的长度将其剪断，而不应将其卷起并捆绑。电缆端接处反缠绕开的线段距离不应超过 13 mm，否则会引起较大的近端串扰。在接头处，电缆的外保护层需要压在接头中而不能在接头外。这样当电缆受到拉力时，受力的是整个电缆，否则受力的是电缆和接头连接的金属部分。在电缆接线施工时，对电缆的拉力是有一定限制的，过大的拉力会破坏电缆对绞的匀称性。

4.1.5 工程质量管理

1. 质量管理环节

严格执行 ISO 9001 系统工程质量体系，并在整个施工过程中，切实抓好以下环节。

①管线施工的质量检查和监督。

②配线规格、配线施工的质量检查和监督。

③现场设备或前端设备、主控设备的质量检查和监督。

④调试大纲的审核和实施及质量监督。

⑤系统运行时的参数统计和质量分析。

⑥系统验收的质量标准、步骤和方法。

2. 质量控制

质量控制的方法如下。

①设备、材料进场时，应由各方管理人员对照合同对进场设备的型号、质量、数量进行审定并做出书面签字。确保将书面材料递交建设方，建设方有权批准或不批准，应在合同规定时间内给予书面答复。

②隐蔽工程覆盖前，提前 48 h 通知建设方、监理单位等进行中间验收，确保隐蔽工程的质量。对验收记录进行存档，竣工时移交给建设方完善项目管理制度，明确责任划分。严格按图纸施工，在保证系统功能质量的前提下，提高工艺标准要求，确保施工质量。

③建立质量检查制度，现场管理人员将定期进行质量检查，并贯穿整个施工过程。

④各分项工程应严格遵守操作规程，各分组负责人对自己所承担的工程负全面责任。在施工过程中，相关负责人应随时检查，发现质量问题后，应当场解决。如后再发现同样的问题，则给予书面通知并对相关责任人进行处罚。

⑤对建设方、监理公司等提出工程问题的书面文件，应核实整改并立即反馈。

⑥妥善保存测试时的资料，在竣工时提供给建设方，以便工程交付后，建设方能尽快熟悉系统并进行维护。

⑦工程竣工后，必须进行最终检验。按编制竣工资料的要求收集、整理质量记录；对查出的施工质量缺陷，按不合格控制程序进行处理；在最终检验合格和试验合格后，对工程成品采取防护措施。

3. 安全保障措施

应采取必要措施加强对施工队伍的人身安全、设备安全教育，严把各种材料进场质量关、设备验收关、安装质量关。采取动态管理与静态管理相结合的方法，实时控制各道工序。可以采取以下措施。

①加强安全生产和消防工作。严格执行有关安全生产的规章制度，服从现

场安全人员的检查。执行开工前安全会的安全交底制度。对于出现的安全事故或未遂事故，要认真处理，使责任者或当事人受到教育，并做好防范工作。

②设备、材料应按工程进度计划进入现场，并按规定地点整齐堆放，坚持谁施工谁清理的原则，使整个工作区达到文明施工。

③要反复强调高空作业要搭脚手架、挂安全网和系安全带。使用高凳时，应保证安全稳固，并采取安全保护措施。

④使用手持电动工具，在线路首端必须接漏电保护器。现场用电设备要接在漏电空气开关上。现场施工配线、临时用线严禁架设在脚手架和树枝上。施工现场闸箱要零、地线分开，采用三相五线制配线，非电工人员不得擅自接线。在潮湿场地，必须使用 36 V 以下安全电压照明。

⑤严禁盗窃建设方或其他单位的物品、工具和材料。经发现，视情节轻重给予经济处罚和纪律处分，或送保卫部门或公安机关处理。机房及贵重设备安装应事先通知相关单位，加强成品保护。

⑥施工中间严禁饮酒，防止酒后滋事及意外事故的发生。工作现场严禁吸烟，防止火灾发生。

4.1.6 成本控制管理

降低工程成本关键在于施工前计划、施工过程中的控制和工程实施完成的分析。下面重点介绍前两者。

1. 施工前计划

项目开工前，项目经理部应做好前期准备工作，选定先进的施工方案，选好合理的材料供应商，制订出详细的项目成本计划。

（1）制订合理可行的施工方案

施工方案包括施工方法的确定，施工器械、工具的选择，施工顺序的安排和流水施工的组织。施工方案的不同，工期就会不同，所需设备、工具也不同。因此，施工方案的优化选择是工程施工中降低成本的主要途径。

制订施工方案要以合同工期和建设方要求为依据，综合考虑实际项目的规模、性质、复杂程度等因素。

（2）做好项目成本计划

成本计划是项目实施之前所做的成本管理初期活动，是项目运行的基础和先决条件，是根据内部承包合同确定的目标成本。因此，应根据施工组织设计和生产要素的配置等情况，结合施工进度计划，确定每个项目周期成本计划和项目总成本计划，计算出盈亏平衡点和目标利润，作为控制施工过程生产成本的依据。

（3）组织签订合理的分包合同与材料合同

分包合同及材料合同应通过公开招标投标的方式，由公司经理组织经营，工程、材料和财务部门有关人员与项目经理一道，同分包商就合同价格和合同条款进行协商讨论，经过双方反复磋商，最后由公司经理签订正式分包合同和材料合同。招标投标工作本着公平公正的原则招标书要求密封，评标工作由招标领导小组全体成员参加，不搞一人说了算，并且必须有层层审批手续。同时还应建立分包商和材料商的档案，以选择最合理的分包商和材料商，从而达到控制支出的目的。

2. 施工过程中的控制

项目施工过程中，应依据所选的施工方案，严格按照成本计划实施和控制，包括对材料费的控制、人工消耗的控制和现场管理费用的控制。

①降低材料成本。在工程建设中，材料成本约占整个工程成本的 70%。因此，节约了材料成本，也就意味着降低了整个工程的成本，通常通过实行三级收料及限额领料实现。

所谓三级收料，就是首先由收料员清点数量、记录签字，其次是材料部门的收料员清点数量、验收登记，最后由施工队清点并确认，发现数量不足或过剩时，由材料部门解决。

②加强现场管理，合理安排材料进场和堆放，减少二次搬运和损耗。

③加强材料的管理工作，做到不错发、错领材料，不丢弃遗失材料。

④及时发放使用材料，收集施工现场材料。

⑤加强技术交流，推广先进的施工方法。

⑥积极采用先进科学的施工方案，提高施工技术。

⑦加强质量控制，加强技术指导和管理，做好现场施工工艺的衔接，杜绝返工。

⑧合理组织工序穿插，缩短工期，减少人工、机械及有关费用的支出。

⑨工程实施完成后总结分析。

工程施工完成后及时总结经验教训是成本控制工作的继续，有利于进行下一个项目的事前科学预测。

4.2　网络综合布线施工技术

4.2.1 管路和槽道的施工技术

综合布线系统经常利用管路和槽道进行线缆敷设，它对综合布线系统的线缆起到了很好的支撑和保护作用。在综合布线工程中，不仅应根据施工需要选用合适的敷设材料和布线方式，管路和槽道的安装也应符合相关标准和设计要求。

综合布线中常用的管槽主要有金属槽、塑料（PVC）槽、金属管和塑料管，可按垂直干线、水平干线和建筑群地下进行管槽施工。

1. 管槽安装的一般要求

（1）金属管的要求

①金属管质量要求。金属管应符合设计文件的规定，表面不应有穿孔、裂缝和明显的凹凸不平，内壁应光滑，不允许有锈蚀。

②金属管切割、套丝。在配管时，应根据实际需要长度对管子进行切割。管子的切割可使用钢锯、管子切割刀或电动切管机，严禁使用气割。

管子和管子、管子和接线盒或配线箱的连接，都需要在管子端部进行套丝。套丝时，先将管子在管子压力架上固定压紧，然后再套丝。套丝完成后，应随时清扫管口，将管口端面和内壁的毛刺用锉刀锉光，使管口保持光滑，以免割破线缆绝缘护套。

③金属管弯曲。在铺设金属管时应尽量减少弯头。每根金属管的弯头不应超过2个，且不应有S弯，出现有转弯的管段长度超过20 m时，应设置管线过线盒装置；有2个弯时，不超过15 m应设置管线过线盒，以利于线缆的穿设。

金属管一般都用弯管器进行弯曲。先将管子需要弯曲部位的前段放在弯管器内，焊缝放在弯曲方向背面或侧面，以防管子弯扁。然后用脚踩住管子，手扳弯管器进行弯曲，并逐步移动弯管器，可得到所需要的弯度。

（2）金属槽的要求

槽道由多种外形和结构的零部件、连接件、附件和支吊架等组成，金属槽由槽底和槽盖组成。每根槽长度一般为2 m，槽与槽连接时使用相应尺寸的铁板和螺丝固定主要的部件。

直线段又称直通段，它是指一段不能改变方向、尺寸和截面积的，用于直接承托电（光）缆的刚性直线段的基本部件。

弯通是一段改变方向、尺寸和截面积的，用于直接承托电（光）缆的刚性非直线段的基本部件。弯通有折弯形和圆弧形。常见的弯通部件有以下几种。

①水平弯通：在同一个水平面改变托盘、梯架方向的部件，分为 30°、45°、60° 和 90° 四种。

②水平三通：在同一个水平面上以 90° 分开，三个方向（成丁字形）连接托盘、梯架的部件，分为等宽和变宽两种形式。

③水平四通：在同一个水平面上以 90° 分开，四个方向（成十字形）连接托盘、梯架的部件，分为四种形式。

④上弯管：使连接托盘、梯架从水平面改成向上连接的部件，可分为 30°、45°、60° 和 90° 四种形式。

⑤下弯管：使连接托盘、梯架从水平面改成向下连接的部件，可分为 30°、45°、60° 和 90° 四种形式。

⑥垂直三通：在同一垂直面以 90° 分开，三个方向连接托盘、梯架的部件，分为等宽和变宽两种形式。

⑦垂直四通：在同一垂直面以 90° 分开，四个方向连接托盘、梯架的部件，分为等宽和变宽两种形式。

⑧变径直通：在同一平面上连接不同宽度和高度的连接托盘、梯架的部件。

槽道的连接件和附件较多，它们是槽道连接的重要部件，具有品种繁杂、数量较多和涉及面广的特点。

（3）槽道的类型

常用的槽道样式有以下几种。

①有孔托盘式槽道。有孔托盘式槽道简称托盘式桥架或托盘式槽道。托盘式槽道是由带孔洞眼的底板和无孔洞眼的侧边所构成的槽形部件，或采用由整块钢板冲出底板的孔眼后按规格弯成槽形的部件。托盘式槽道适用于敷设环境无电磁波干扰，不需要屏蔽接地的地段，或环境干燥清洁、无灰等污染少或要求不高的一般场合。

②无孔托盘式槽道。无孔托盘式槽道简称槽式桥架或槽式槽道，无孔托盘式槽道和有孔托盘式槽道的主要区别是底板无孔洞眼，它是由底板和侧边构成或由整块钢板弯制成的槽形部件，因此有时也称为实底型电缆槽道。这种无孔托盘式槽道配有盖时，就成为一种全封闭型的金属壳体，具有抑制外部电磁干扰及防止外界有害液体、气体和粉尘侵蚀的作用。因此，它适用于需要屏蔽电磁干扰或防止外界各种气体或液体等侵入的场合。

③梯架式槽道。梯架式槽道又称梯级式桥梁，简称梯式桥架，是一种敞开

式结构，由两个侧边与若干个横挡组装构成梯形部件，与布线机柜/机架中常用的电缆走线架的形式和结构类似。因为它的外面没有遮挡，是敞开式部件，因此在使用上有所限制。

④组装式托盘槽道。组装式托盘槽道又称组装式托盘、组合式托盘或组装式桥梁，它是一种适用于工程现场，可任意组合的若干有孔零部件，也是一种用配套的螺栓或插接方式连接组装成托盘的槽道。组装式托盘槽道具有组装规格多样、灵活性大、能适应各种需要等特点。

⑤大跨距电缆桥架。大跨距电缆桥架比一般电缆桥架的支撑跨度大，且由于结构上设计精巧，因而与一般电缆桥梁相比具有更大的承载能力，但在布线项目中很少用到。

⑥非金属材料槽道。非金属材料槽道也称非金属材料桥架，有塑料和复合玻璃钢等多种类型。其中塑料槽道规格尺寸均较小；不燃烧的复合玻璃钢槽道应用较广，分为有孔托盘、无孔托盘、桥架式和通风式四种类型。

（4）管路的安装要求

①预埋暗敷管路应采用直线管道为好，尽量不采用弯曲管道，直线管道超过 30 m 再需延长距离时，应设置暗线箱等装置，以利于牵引敷设电缆时使用。必须采用弯曲管道时，要求每隔 15 m 处设置暗线箱等装置。

②暗敷管路必须转弯时，其转弯角度应大于 90°。暗敷管路的曲率半径不应小于该管路外径的 6 倍。要求每根暗敷管路在整个路由上需要转弯的次数不得多于两个，暗敷管路的弯曲处不应有折皱、凹穴和裂缝。

③明敷管路应排列整齐，横平竖直，且要求管路每个固定点（或支撑点）的间隔均匀。

④要求在管路中放有牵引线或拉绳，以便牵引线缆。

⑤在管路的两端应设有标志，其内容包含序号、长度等，应与所布设的线缆对应以使布线施工中不容易发生错误。

（5）桥架和槽道的安装要求

①桥架及槽道的安装位置应符合施工图规定，左右偏差不应超过 50 mm。

②桥架及槽道水平度每平方米偏差不应超过 2 mm。

③垂直桥架及槽道应与地面保持垂直，并无倾斜现象，垂直度偏差不应超过 3 mm。

④两槽道拼接处水平偏差不应超过 2 mm。

⑤线槽转弯半径不应小于其槽内线缆最小允许弯曲半径的最大值。

⑥吊顶安装应保持垂直，整齐牢固，无歪斜现象。

⑦金属桥架及槽道节与节间应接触良好，安装牢固。

⑧管道内应无阻挡，道口应无毛刺，并安置牵引线或拉线。

⑨为了实现良好的屏蔽效果，金属桥架和槽道接地体应符合设计要求，并保持良好的电气连接。

2. 垂直干线的管槽施工安装

（1）引入管路

引入管路指自建筑物外引入建筑物内的管路部分，通常采用暗敷设方式，从室外地下通信电缆管道的人孔或手孔接出，经过一段地下埋设后进入建筑物，再经建筑物的外墙穿放到室内。具体施工时需注意以下几点。

①综合布线系统建筑物引入口的位置和方式的选择需要会同城建规划和电信部门确定，应留有扩展余地。

②对于入口钢管，要采取防腐和防水措施。

③钢管穿过墙基后应延伸到未扰动地段，以防出现应力。

④预埋钢管应由建筑物向外倾斜，坡度不小于 0.4%。

⑤在两个牵引点之间不得有两处以上 90° 拐弯。

⑥光缆引入时应预留 5 ～ 10 m。

⑦架空线缆（包括电缆、光缆）引入时要注意接地处理。

⑧综合布线线缆不得在电力线或电力装置检修孔中进行接续或端接。

（2）综合布线系统上升部分的建筑结构类型

综合布线系统上升部分的建筑结构有上升管路、电缆竖井和上升房三种类型。

①上升管路设计安装。

上升管路的装设位置一般选择在综合布线系统线缆较集中的地方，宜在较隐蔽角落的公用部位（如走廊、楼梯间或电梯厅等附近）、各楼层的同一地点设置；不得在办公室或客户等房间内设置，更不宜过于靠近垃圾道、燃气管、热力管、排水管及易燃易爆的场所，以免造成危害和干扰等后患。

上升管路是综合布线系统的建筑物垂直子系统线缆的专用设施，既要与各个楼层的楼层配线架（或楼层配线接续设备）互相配合连接，又要与各楼层管路相互衔接。

上升管路的优点：一是不受建筑面积和建筑结构限制；二是不占用房屋面积；三是工程造价低；四是技术要求不高。

上升管路的缺点：一是施工和维护不便；二是配线设备无专用房间；三是

有不安全因素；四是适应变化能力差；五是影响内部环境美观。

因此，上升管路适用于信息业务量较小，今后发展较为固定的中小型建筑，其容纳的线缆根数为 1～4 根，通常在上升管路附近设置配线接续设备以便就近与楼层管路连通。

②电缆竖井设计安装。

综合布线系统的主干线路在竖井中有以下几种安装方式。

第一种是将上升的主干线缆（电缆或光缆）直接固定在竖井的墙上，适用于线缆根数较少的综合布线系统。

第二种是在竖井墙上装设走线架，上升线缆在走线架上绑扎固定，适用于较大的综合布线系统。在有些要求较高的智能建筑竖井中，还需要安装特制的封闭式槽道，以保证线缆安全。

第三种是在竖井墙壁上设置上升管路，适用于中型的综合布线系统。

电缆竖井的优点：一是能适应今后变化；二是灵活性较大；三是便于施工和维护；四是受建筑结构限制因素影响较少。

电缆竖井的缺点：一是竖井内各个系统管线需统一安排；二是电缆竖井造价较高；三是需占用一定建筑面积。

因此，电缆竖井适用于今后发展较为固定的大、中型建筑，其容纳的线缆根数为 5～8 根，通常在电缆竖井内或附近装设配线接续设备以便连接楼层管路，专用竖井或合并竖井有所不同，在竖井内可用管路或槽道等装置。

③上升房内设计安装。

在上升房内布置综合布线系统的主干线缆和配线接续设备需注意以下几点。

一是上升房内应根据房间面积大小、安装线缆的根数、配线接续设备装设位置和楼层管路的连接、线缆走线架或槽道的安装位置等合理布置。

二是上升房为专用房间，不允许无关的管线和设备在房内安装，避免对通信线缆造成危害和干扰，保证线缆和设备安全运行。上升房内应设有 220 V 交流电源设施（包括照明灯具和电源插座），其照度不应低于 20 lx 以方便维护检修时能利用电源插座实施局部照明，提高照度。

三是上升房是建筑中一个上下直通的整体单元结构，为了防止火灾发生时火势沿通信线缆蔓延，应按国家防火标准的要求，采取切实可靠的隔离防火措施。

上升房的优点：一是能适应今后变化；二是灵活性大；三是便于施工和维护；四是能保证通信设备安全运行。

上升房的缺点：一是占用建筑面积较多；二是受建筑结构的限制较多；三是工程造价和技术要求高。

因此，上升房适用于信息业务种类和数量较多，今后发展较大的大型建筑，其容纳的线缆根数在 8 根以上，通常在上升房中装设配线接续设备，可明装或暗装。

3. 水平干线的管槽施工安装

（1）预埋暗敷管路

预埋暗敷管路一般是与土建施工同时进行的，它是水平子系统中最常用的支撑保护方式之一，在施工安装暗敷管路时，必须按照以下要求进行。

①宜使用对缝钢管或具有阻燃性能 PVC 管。

②应尽量采用直线管道，直线管道超过 30 m 处仍需延长距离时，应设置暗线箱等装置，以利于牵引线缆。

③必须转弯时，其转弯角度应大于 90°，每根暗敷管路在整个路由上转弯次数不得多于两个，暗敷管路的弯曲处不应有折皱、凹穴和裂缝，更不应出现 S 形弯或 U 形弯。

④管路内部不应有铁屑等异物存在，以防堵塞不通，必须保证畅通。

若采用钢管，其管材接续的连接应符合下列要求。

①丝扣连接（即套管套接）的管端套丝长度不应小于套管接头长度的 1/2，在套管接头的两端应焊接跨接地线，以利于连成电气通路。薄壁钢管的连接必须采用丝扣连接。套管焊接适用于暗敷管路，套管长度为连接管外径的 1.5 ～ 3 倍，两根连接管的对口应处于套管的中心，焊口应焊接严密，牢固可靠。

②暗敷管路以金属管材为主时，若在管路中间设有过渡箱体，应采用金属板制成的箱体，以利于连成电气通路，不得混用塑料材料等绝缘壳体连接。

③暗敷管路在与信息插座、过线盒等设备连接时，由于安装场合、具体位置以及所用材料不同，会有不同的安装方法。

暗敷管路采用钢管时，可采用焊接固定，管口露出盒内部分应不小于 5 mm，也可采用锁紧螺母或护套固定，此时，应注意露出锁紧螺母丝扣 2 ～ 4 扣。暗敷管路采用硬质塑料管时，硬质塑料管应采用入盒接头坚固。

（2）明敷配线管路

明敷配线管路简称明配管，在新建建筑物内部较少采用或一般不采用，但在已建好的建筑物或重新装修的建筑物内部经常采用。在安装明敷配线管路时应注意以下几点。

①明敷配线管路时，所采用的管材的材质和规格应根据敷设场合的环境条件选用。

②在潮湿场所或埋设于建筑物的底层地面内的钢管，均应采用管壁厚度大于 2.5 mm 的厚壁钢管，而在干燥场所（包括在混凝土或水泥砂浆层内）的钢管，可采用管壁厚度为 1.6 ～ 2.5 mm 的薄壁钢管。

③当钢管埋设在土层内时，应按设计要求进行防腐处理。使用镀锌钢管时，必须检查其镀锌层是否完整，镀锌层剥落或锈蚀的地方应刷防腐漆或采用其他防腐措施。

④明敷配线管路应排列整齐，且要求固定点或支承点的间距均匀。

⑤采用多管时，其管卡、吊装件（如吊架）与终端、转弯中点和过线盒等设备边缘的距离应为 150 ～ 500 m。

⑥采用硬质塑料管时，其管卡与终端、转弯中点和过线盒等设备边缘的距离应为 150 ～ 300 mm。

⑦明敷配线管路不管采用钢管还是塑料管或其他管材，与其他室内管线侧敷设时，其最小净距离应符合有关规定。

（3）预埋金属槽道（线槽）

在新建建筑物内，有时会采用预埋金属槽道（线槽）支撑保护方式，这种暗敷方式适应于大开间且变化多的场所，一般是预埋在现浇楼板中或楼板垫层内。具体施工时要注意以下几个方面。

①在线缆敷设路由上只能埋设 2 ～ 3 根金属线槽，以便灵活调度使用和适应变化需要。

②金属线槽的直线埋设长度超过 6 m 时，或线槽在敷设路由上交叉或转弯时，应设置分线以方便施工时敷设线缆及今后检查维护。

③由于金属线槽和分线盒预埋在地板下或楼板中，有可能影响人员生活和走动，因此，分线合的盒盖既要方便开启以便使用，盒盖表面还应该与地面齐平，不得凸起高出地面，盒盖和其周围应采取防水和防潮措施，并有一定的抗压功能。

④预埋金属线槽的截面积利用率即线槽线缆占用的截面积不应超过 40%。

⑤预埋金属线槽与墙壁暗嵌式配线接续设备（如通信引出端的连接），应采用金属套管连接。

（4）明敷线缆槽道或桥架

明敷线缆槽道或桥架的支撑保护方式是最常用的一种安装形式。它适用于房屋内或有吊顶的场所。明敷线缆槽道或桥架的设计与安装应符合以下要求。

①为了保证明敷线缆槽道或桥架的牢固稳定，必须在有关部位安装支撑或悬挂装置。当槽道或桥架在水平敷设时，在直线端支撑间距应为 1.5 ～ 2.0 m。垂直敷设时，其支撑间距一般小于 2 m。间距大小应视槽道或桥架的规格及安装线缆的多少而定。

②金属槽道或桥架因本身的重量较大，在槽道或桥架的接头、转弯、变径等处，离槽道或桥架 0.5 m（水平敷设）或 0.3 m（垂直敷设）处应设置支撑构件或吊架，以保证槽道或桥架的稳固。

③明敷的 PVC 高强度塑料线槽，通常采用螺钉固定，其间距不应大于 0.8 m。当采用吊装安装时，支撑吊杆的间距不应大于 1.5 m。

④为了适应不同的线缆在同一金属槽道或桥架中敷设的需要，应采用同槽分隔敷设方式，即用金属隔板隔离，形成不同的空间，在这些空间内敷设不同类型的线缆。此外，槽道或桥架内的净空间的占用比应按照有关的标准确定。一般占用比应在 60% 左右。

⑤金属槽道或桥架不得在穿越楼板孔或墙壁孔处连接，并应采取防火措施。

⑥金属槽道或桥架敷设有水平电缆引出管时，引出管可采用金属管或金属软管，连接金属槽道或桥架以及预埋钢管时，宜采用金属软管。

⑦金属槽道或桥架应有良好的接地系统，以保证电气连接符合设计要求。金属槽道或桥架间应采用螺栓固定连接，并且应有跨接线或编织铜线连接。

（5）格形楼板线槽和沟槽相结合

格形楼板线槽和沟槽相结合的支撑保护方式是一种暗敷槽道，一般用于建筑面积大、信息点较多的办公楼层。具体施工时要注意以下几个方面。

①格形楼板线槽必须与沟槽连通，相互连成网，以便线缆敷设。

②沟槽的宽度不宜过宽，不宜大于 600 mm，主线槽道宽度宜在 200 mm 左右，支线槽道宽度不小于 70 mm。

③为了不影响人员的工作和生活，沟槽的盖板应采用金属材料，可以开启，但必须与地面齐平，其盖板面不得高起凸出地面，盖板四周和通信引出端（信息插座）出口应采取防水和防潮措施，以保证通信安全。

4. 建筑群地下通信管道施工

地下线缆管道工程是一项永久性的隐蔽建筑物施工项目，在整个施工过程中必须保证工程质量，尤其是施工前的准备工作，它关系到整个管道工程的施工进度和工程质量。因此施工前，必须充分了解和掌握设计与施工文件（包括施工图纸和文字说明），根据设计施工图纸和现场技术交底，对地下线缆管道路由附近的地形和地貌进行工程测量。

（1）敷设管路

地基的平整和加固。

浇筑混凝土基础包括支设和固定基础模板、现场浇筑混凝土和养护、拆除模板。

铺设管道。首先应铺设钢管，其次铺设单孔双壁波纹塑料管。

（2）建筑人孔和手孔

①建筑人孔。建筑人孔是指人的出入孔，常为一种带有盖的孔道，人可以由此孔进出建筑下水道等或类似设施，通常供人员进出检修用。人孔装于油罐下部，人可以由此进出，有罐壁、罐顶、带芯、垂直吊盖等人孔。

智能小区内的道路一般不会有极重的重载车辆通行，所以地下通信线缆管道上所有人孔以混合结构的建筑方式为主，人孔基础为素混凝土，人孔四壁为水泥砂浆砌砖形成墙体，人孔基础和人孔四壁均为现场浇灌与砌筑。

②建筑手孔。手孔即缩小的人孔，其安设是为了安装、拆卸、清洗和检修设备内部装置。手孔与人孔的结构基本相同，由一个短筒节盖上一块盲板构成。手孔直径一般为 150 ~ 250 m，应使工人戴上手套并握住工具的手能方便地通过。

建筑手孔内部规格尺寸较小，且是浅埋（最深仅 1.1 mm），手孔内部空间小，施工和维护难以在其内部操作。主要工艺一般是在地面将线缆接封完工后，再放入线缆沟。线缆沟按其建筑结构可分为简易式、混合式、整浇式和预制式四种，它们各有特点，适用于不同的场合。智能化小区主要采用混合式。混合式线缆沟采用基本属于浅埋式的主体结构，底板为素混凝土，在现场浇灌筑成，其配合比应根据料源和温度等条件确定。线缆沟的两侧壁是用水泥砂浆砌砖形成的砌体结构，线缆沟的外盖板为钢筋混凝土预制件，在现场按要求组装成整体。

4.2.2 线缆施工技术

1.路由选择技术

在互联网中，从一个节点到另一个节点，可能有许多路径。路由器可以选择通畅的最短路径，这就会大大提高通信速度，减轻网络系统通信负荷，节约网络系统资源。网络布线的路由选择就是对布线路径的技术性、经济性与可行性的最佳选择。在路线选择上，两点间最短的距离是直线，但对于布线来说并非就是最好、最佳的路由。在选择最容易、最廉价布线的路由时，也要考虑方案的可操作性和便于施工性。

在选择布线的路由时，通常会有两种以上的方式。例如，要把线缆从一个管理间牵引到另一个管理间。采用直线路由，要经天花板布线，路由中要多次分割、钻孔才能使线缆穿过并悬挂起来；而另一条路由是将线缆通过一个管理间的地板，然后经过天花板，再通过另一个管理间的地板向上。或者用户出于某种考虑提出了另一种布线的路由。到底采用哪一种方式，这就需要进行正确的路由选择。

选择最佳路径的布线施工方案应考虑以下几点。

（1）勘察建筑物结构

要了解建筑物的结构。由于绝大多数的线缆的布线通过地板以下或天花板内，因此要对地板和吊顶内的情况了解清楚，对布线路由选择有周详考虑，并向用户说明。

如果建筑物已为强电和弱电布线设计了通道，要到现场核对建筑图，要逐一查看和做好图纸标注，并用标签或粉笔为施工在走线的地方做出标记。

（2）了解现有线缆走线情况

面对旧建筑物的施工环境，就要了解原有线缆的布线位置和管道情况，尽量借助原有管道走线。

（3）检查牵引线

检查建筑物预设管道中是否有牵引线。大多数的管道安装者要给后继的安装或维护方便而留下牵引线，使线缆的敷设容易进行。要检查现有拉线的可用性。如果没有预留牵引线则要设计敷设线缆的方法。

（4）检查施工场地环境

如需要使用支撑组件，根据实际情况决定使用托架或吊杆，路由选择的施工场地应该有利于托架或吊杆的安装，使其加在结构上的质量不超重。

（5）考虑线缆拉力

在路由选择时，也应考虑线缆所能承受的拉力。管道狭窄、弯头过多或线路过长等，会导致拉力过大而造成线缆的变形，从而引起线缆传输性能的下降，留下隐患。

2. 铜缆牵引技术

建筑物内的各种管路和槽道安装完成后，便可在其内部铺设线缆，此时需要使用线缆牵引技术来完成。线缆牵引技术是指用一条拉线（注：为了方便线缆牵引，在安装各种管路或槽道时已内置了一根拉绳）或一条软钢丝绳将线缆牵引穿过墙壁管道、吊顶和地板管道的技术，所用的方法取决于要完成工程的类型、线缆的质量、布线路由的难度。常用的铜缆牵引技术主要有以下三种。

（1）牵引多根 4 对双绞线电缆

方法一：将多根双绞线电缆聚集成一束，并使它们的末端对齐。

用电工带或胶布缠绕线缆束的末端，缠绕长度为 5～10 m。

在线缆缠绕端绑扎好拉绳，便可牵引拉绳将线缆束从管道的一端牵引到另一端。

方法二：剥除线缆束的部分外表皮以得到 5～10 m 的裸露金属导线，并整理为两扎。将两扎金属导线互相缠绕并编织成一个环。

将拉绳穿过金属环并打结，然后将电工胶布缠到连接点周围，要缠得结实和不滑。

用拉绳牵引线缆束。

（2）牵引单根 25 对双绞线电缆

将电缆末端向后弯曲并与电缆自身缠绕形成一个闭合的环，直径为 15～30 m。

用电工胶布将电缆缠绕部分绑好，以形成一个坚固的环。

用电工胶布将电缆缠绕部分绑好，以形成一个坚固的环。

在缆环上固定好拉绳，然后用拉绳牵引电缆。

（3）牵引多根 25 对或更多对双绞线电缆

剥除线缆束的部分外表皮，以得到约 30 m 的裸露金属导线。

使用针口钳切除部分导线，留下约 12 条双绞线（一对双绞线为 2 条）。

将导线均匀分成两组并各自缠绕好。

将两组线缆交叉地穿过拉绳的环，在线缆那边建立一个闭环。

将两组线缆缠扭在自身电缆上，加固与拉绳环的连接。

在线缆缠扭部分紧密缠绕多层电工胶布，以进一步加固线缆与拉绳环的连接。

3. 建筑物主干线缆敷设

主干电缆提供了从设备间到每个楼层的管理间之间信号的传输通道，主干线缆通常安装在竖井通道中。在竖井中敷设干线电缆一般有两种方式：向下垂放电缆和向上牵引电缆。相比较而言，向下垂放电缆比向上牵引电缆要容易。

（1）向下垂放电缆

把电缆卷轴放到最顶层。在离房子的开口（孔洞处）3～4 m 处安装电缆卷轴，并从卷轴顶部馈线。在电缆卷轴处安排所需的布线施工人员（人数视卷轴尺寸及线缆质量而定），另外，每层楼要有一个工人，以便引寻下垂的线缆。旋转卷轴，将电缆从卷轴上拉出，并将拉出的电缆引导进竖井中的孔洞。在此之前，先在孔洞中安放一个塑料的套状保护物，以防止孔洞边缘不光滑擦破电缆的外皮。慢慢地从卷轴上放缆并进入孔洞向下垂放，注意速度不要过快。继续放线，直到下一层布线人员将电缆引到下一个孔洞。按前面的步骤继续慢慢地放线，并将电缆引入各层的孔洞，直至电缆到达指定楼层进入横向通道。

（2）向上牵引电缆

向上牵引电缆需要使用电动牵引绞车，按照电缆的质量选定绞车型号，并按绞车制造厂家的说明书进行操作。先往绞车中穿一条绳子，启动绞车，并往下垂放一条拉绳（确认此拉绳的强度能保护牵引电缆），直到安放电缆的底层。如果电缆上有一个拉眼，则将绳子连接到此拉眼上。使用绞车慢慢地将电缆通过各层的孔向上牵引。缆的末端到达顶层时，停止绞车。在地板孔边沿上用夹具将电缆固定。当所有连接制作好之后，从绞车上释放电缆的末端。

4. 建筑群间线缆敷设

在建筑群间敷设线缆时，一般采用地下管道内敷设和架空敷设。

（1）地下管道内敷设线缆

在地下管道内敷设线缆时，常见的有小孔到小孔敷设、小孔间直线敷设、沿着拐弯处敷设这三种敷设方式，其施工方法与建筑物主干线缆敷设施工相似，但敷设时用人力还是机器牵引线缆，需充分考虑以下因素。

①管道中有没有其他线缆。

②管道中有多少拐弯。

③线缆的粗细及重量。

因此，实际施工中很难确切地说是用人力还是用机器来牵引线缆，只能依照具体情况来定。

（2）架空敷设线缆

架空敷设线缆就是利用电线杆将线缆架空敷设。

①电线杆的间隔距离为 30 ～ 50 m。

②对于不能自支撑的线缆，需借助钢丝绳固定线缆，钢丝绳的粗细取决于线缆的质量。

③接好钢丝绳。

④架设线缆。

⑤每隔 0.5 m 架一个挂钩，以固定线缆。

5. 建筑物水平干线敷设

建筑物内水平布线可选用天花板吊顶内、管道、墙壁线槽等多种敷设方式。

（1）天花板吊顶内布线

天花板吊顶内布线方式是水平干线布线中最常用的方式，新建建筑物比较适合采用这种方式布线。具体施工步骤如下。

①根据建筑物的结构确定布线路由。

②沿着所设计的路由（即在电缆桥架槽体内）打开吊顶，用双手推开每块镶板。

注意，当楼层布线的信息点较多时，需要同时敷设多根水平线缆。线缆较重，为了减轻线缆对天花板吊顶的压力，可使用 J 形钩、吊索及其他支撑物来支撑线缆。此外，为了提高布线效率，还可把线缆箱分组堆放。

假设一层楼内共有 12 个办公室，每个办公室的信息插座需安装 2 根非屏蔽双绞线电缆，则共需一次敷设 24 根非屏蔽双绞线。为了提高效率，可把 24 箱线缆（1 根非屏蔽双绞线放在一个线缆箱中）分成 4 个组安装，每组有 6 个线缆箱，按组放在一起并使线缆出线口向上，以方便牵引线缆。

③为了方便区分线缆，在线缆的末端应贴上标签以注明来源地，对应的线缆箱上也应贴上相同标注的标签。

④将合适长度的牵引线（拉绳）连接到一个带卷上。

⑤移动梯子，将拉绳投向吊顶的下一孔，直到绳子到达走廊的末端。

⑥从离楼层管理间最远的一端开始，按组牵引线缆，把同组将引至同一办公室的两根电缆自它们的箱子中拉出形成"对"，用电工胶布捆扎好。

⑦将拉绳穿过 3 个用电工胶布缠绕好的线缆对，绳子结成一个环，再用电工胶布将 3 对线缆对与拉绳捆紧。

⑧回到拉绳的另一端，人工牵引拉绳，同组的 6 根线缆（3 对）将自动从线缆箱中拉出并经过电缆桥架牵引到配线间。

⑨对剩下两组线缆重复⑦⑧的操作。

（2）管道布线

管道布线方式是在建筑物浇筑混凝土时已把管道预埋在地板内，管道内附有牵引线缆的钢丝或铁丝（拉绳）。施工时只需通过管道图纸了解地板的布线管道系统，确定布线路由，便可做出施工方案。

对于没有预埋管道的旧建筑物，要向用户单位索要建筑物的图纸，并到要布线的建筑物现场查清建筑物内水、电、气的布局和走向，然后详细绘制布线图纸，确定布线施工方案。而对于没预埋管道的新建筑物，布线施工可以与建筑物装修同步进行，这样便于布线，又不影响建筑物的美观。但是，不管是哪类建筑，管道均一般从楼层配线间埋到工作区信息插座安装孔，施工时只要将线缆固定在信息插座的接线端，从管道的另一端牵引拉线就可将线缆引到楼层配线间。

（3）墙壁线槽布线

墙壁线槽布线方式属于明敷设方式，一般用于旧建筑物，可按以下步骤操作。

①确定布线路由。

②沿着路由方向放线（注意讲究直线美观）。

③线槽每隔 1 m 要安装固定螺丝钉。

④布线（考虑到以后线缆的变更，在线槽内敷设的电缆容量不应超过线槽截面积）。

⑤盖塑料槽盖。

4.2.3 光缆敷设技术

1. 光缆敷设的要求

光缆与电缆虽然都是通信线路的传输介质，但是它们有着较大的区别，除了传输的信号分别是光信号和电信号外，光缆中的光纤是以二氧化硅为主要成分的石英光导纤维制成的，物理特性不同于电缆中的铜金属导线，还有其他的区别和特点。这些区别对于安装敷设与施工都有很大的关系，必须加以注意。

光纤是由玻璃纤维制成的，直径很小，并且较脆很容易断裂，如果光缆表面被划伤或损坏，光纤就更有可能断裂。为了保证光缆敷设的施工质量，需要满足以下几点要求。

①在施工敷设时，光缆的曲率半径不能低于光缆外径的 25 倍，由于客观原因达不到该要求时，也不应小于光缆外径的 20 倍。在安装敷设完成后，光缆的最小曲率半径应是光缆外径的 15 倍。

②光缆敷设时的张力、侧压力规定如表 4-1 所示。

表 4-1 光缆敷设时允许的张力和侧压力

光缆敷设方式	允许张力 /N		允许侧压力 / (N/100 m²)	
	长期	短期	长期	短期
管道光缆	600	每千米光缆重量	300	1000
直埋光缆	1000	3000	1000	3000
架空光缆	1000	3000	1000	3000

③根据施工现场的实际情况以及光缆的整盘长度，应把合理配盘与敷设顺序相结合，以充分利用光缆的盘长；施工中应尽可能整盘敷设，以减少光缆的中间接续。在敷设管道光缆时，接续的位置应避开道路路口或有碍工作和生活的地方。

2. 光缆气吹敷设技术

（1）气吹敷设技术的敷设结构

①母管。母管是气吹微缆的第一层保护层，是一种用于布放并能保护微管的大管，通常由高密度聚乙烯或 PVC 材料制成，其外径一般为 25 m、32 m、40 mm、50 mm 和 63 mm，国内一般用外径为 40 mm 的硅芯管。

为了确保微管能顺利吹入母管，并保护微管不被损坏，母管应具有以下特性。

A. 母管应能够承受足够的压力并且可防机械损伤。

B. 母管必须是圆形的。

C. 母管的内壁和外壁应没有裂痕、针孔、接头、水渍、模具留痕、补丁和其他缺损。

D. 为了进一步减少母管内壁与子管之间的摩擦系数，使管内壁光滑，应在内壁涂上一层润滑剂（对已达标准的硅芯管可不涂润滑剂）。

母管可以直接埋入地下，但在平放时应尽量平直，弯曲时应有足够的弯曲半径。如外径为 63 mm 的母管，弯曲半径至少为 1.0 m；外径为 25 mm 的母管，弯曲半径至少为 0.5 m。此外还应该控制母管的弯曲次数，转弯过多也会影响气吹效果。

②微管或微管束。微管或微管束是气吹敷设微缆的第二层保护层。微管是一种可用于布放微缆的尺寸小、质量轻的柔软塑料管；微管束由一定数量的微管捆扎在一起形成。微管有 7/5.5 mm、8/6 mm、10/8 mm 和 12/10 mm 几种规格，其中，气吹网络中使用的是 7/5.5 mm 和 10/8 mm 两种。

为了便于将微缆吹入微管、微管吹入母管，微管应具有以下特性。

A. 微管的内壁和外壁均采用摩擦系数小于 0.05 的高密度聚乙烯材料制成。

B. 微管应能承受必要的内外压力，以避免气吹微管或气吹微缆过程中产生内爆。

C. 微管必须是圆形的。

D. 微管的外壁和内壁应没有裂痕、针孔、接头、水渍、模具留痕、补丁或其他缺陷。

微管的布放规则如下。

A. 微管必须在微缆敷设前先敷设到目的地，并且要求一次性敷设到位。若分批敷设微管到同一根母管中，则容易产生扭绞。

B. 母管内布放微管主要取决于机械保护的需要。

C. 可将一根或多根微管组合（微管束）吹入母管内，但应留有一定的空间，此空间通常为母管内截面积的 50%，如规格为 40/33 mm 的母管内最多可容纳 5 根 10/8 mm 的微管或 4 根 12/10 mm 的微管。

③微缆。所谓微缆，通常是指每根含 12～96 芯光纤的微型光缆产品，相比普通光缆，它具有尺寸小、质量轻、纤装密度高等特点。如目前气吹微管微缆工程中所用的室外微缆，其纤芯为 12～24 芯，外径为 3.5～5.3 mm（不到普通管道光缆外径的 1/2），每千米微缆质量仅为 22 kg 左右。由于微缆外径及质量的减小，气吹机单次吹放长度可达 1000～2000 km。

微缆按加强元件可分为钢管式结构和全介质结构。钢管式结构的微缆中间是一根无缝焊接的防水钢管，光纤在填充了水凝胶的钢管内，钢管外施加了一层发泡高密度聚乙烯护套。无缝焊接的钢管可防止水或其他物质渗入光纤。

全介质结构的微缆是无金属缆，可防止电磁干扰，中间填充水凝胶起到纵向防水的作用。全介质结构微缆又分为层绞式和中心管式两种，层绞式的芯数为 24～144 芯，外径一般不超过 83 mm；中心管式的芯数为 2～48 芯，外径为 3.5～5.5 mm。

（2）气吹敷设的方法

采用气吹法敷设光纤，首先需要在建筑物（或建筑群）内铺设特制的空管道（微管），待需要敷设光缆时再利用气吹机将高压气体吹入微管中，其次利用管道入口处的推进器把光缆推入管道中（高速流动的气体使光缆在管道中基本呈悬浮状态），高速气流与光缆表面的摩擦对光缆产生一股推力，光缆便是在气流和外部设备推力的共同作用下得以在管道中高速前进，整个光缆的施工过程简捷、方便。

目前，微管微技术气吹施工常有以下三种方法。

①接力气吹法。该方法是采用多台气吹机联合工作。当第一台气吹机将光缆吹至下一个施工点时，第二台气吹机开始同步工作，将光缆吹到下一个施工点，这种方法可将微缆不间断敷设 12 km 左右。

②从中间向两端气吹法。该方法在气吹点先将微缆吹向下游 B 端，然后把剩余微缆全部吹入倒盘器中，再将倒盘器中的剩余微缆反方向吹入 A 端。

③蛙跳气吹法。气吹机先从起点将整段微缆全部吹入下一个气吹点的倒盘器中，然后将气吹机移至下一个气吹点，将倒盘器中的微缆再次吹向下一气吹点的倒盘器中。依此类推，直到把整段微缆敷设完毕。

由于我国接入网中的光缆长度一般不超过 8 km，因此接入网中气吹敷设方法以中间向两端气吹法和蛙跳气吹法结合为主。

（3）气吹敷设技术的优点

相对于传统的直埋式和管道式敷设方法，气吹敷设技术主要有以下优点。

①充分利用有限的管道资源，实现"一管多缆"。例如，一根 40/33 mm 的母管可以容纳 5 根 10 mm 或 10 根 7 mm 的微管，而一根 10 mm 的微管可以容纳 60 芯的微缆，因此一根 40/33 mm 的母管可以容纳 300 芯光纤，极大地增加了光纤的敷设密度，提高了管道（母管）的利用率。

②减少了初期投资。运营商可以根据市场的需求分批吹入微缆，分期进行投资。

③微管微缆提供了较大的弹性扩容能力，大大满足了城市宽带业务对光纤的突发性需求。

④易于施工。气吹速度快、一次性气吹距离长，大大缩短了施工周期。由于钢管具有一定的刚性与弹性，在入管处推进容易，一次性吹入长度最长可达 2 km。

⑤光缆长久存放于微管中，不受水、潮气的侵蚀，能确保光缆有 30 年以上的工作寿命。

⑥便于今后增加新品种的光纤，在技术上保持领先，不断适应市场需要。

4.2.4 光纤的接续及质量控制

1. 光纤的接续

在尾纤的另一端用熔接机与光缆的末端热熔接就可以完成高质量的接续。实际上光纤接续可分为固定接续和活动接续两大类，固定接续又分为非熔接和熔接两种。光缆接续是一项细致的工作，特别在端面制备、熔接、盘纤等环节，要求操作者仔细观察，周密考虑，规范操作。

光纤接续的基本操作如下。

（1）端面制备

光纤端面的制备包括涂覆层的剥除、裸纤的清洁和切割。合格的光纤端面是熔接的必要条件，端面质量直接影响熔接质量。

①光纤涂覆层的剥除。光纤涂覆层的剥除，要掌握"平、稳、快"三字剥纤法。"平"即持纤要平，左手拇指和食指捏紧光纤，使之呈水平状，所露长度以 5 cm 为准，余纤在无名指与小拇指之间自然打弯，以增加力度，防止打滑。"稳"即剥纤钳要握得稳。"快"即剥纤要快，剥纤钳应与光纤垂直，上方向内倾斜一定角度，然后用钳口轻轻卡住光纤，右手随之用力，顺光纤轴向平推出去，整个过程要自然流畅，一气呵成。

②裸纤的清洁。观察光纤剥除部分的涂覆层是否全部剥除。若有残留，应重新剥除。如有极少量不易剥除的涂覆层，用棉球蘸适量的酒精，一边浸渍一边逐步擦除。棉花要撕成层面平整的扇形小块，沾少许酒精以两指相捏无挤出为宜，折成 V 形，夹住已剥的光纤，顺光纤轴向擦拭，力争一次成功。一块棉花使用 2 或 3 次后要及时更换，每次要使用棉花的不同部位和层面，这样既可提高棉花利用率，又防止裸纤的二次污染。

③裸纤的切割。裸纤的切割是光纤端面制备中最为关键的部分，精密、优良的切刀是基础，而严格、科学的操作规范是保证。

A. 切刀的选择。切刀有手动和电动两种类型。前者操作简单，性能可靠，随着操作者水平的提高，切割效率和质量可大幅度提高，且要求裸纤较短，但该切刀对环境温差要求较高；后者切割质量较高，适宜在野外寒冷条件下作业，但操作较复杂，工作速度恒定，要求裸纤较长。

B. 操作规范。操作人员应掌握动作要领和操作规范。要清洁切刀和调整切刀位置，切刀的摆放要平稳，切割时动作要自然、平稳，避免断纤、斜角、毛刺及裂痕等不良端面的产生。

热缩套管应在剥覆前穿入，严禁在端面制备后穿入。裸纤的清洁、切割和熔接的时间应紧密衔接，不可间隔过长，特别是已制备的端面切勿放在空气中。移动时要轻拿轻放，防止与其他物件擦碰。在接续中应根据环境对切刀 V 形槽、压板、刀刃进行清洁，谨防端面污染。

（2）熔接

熔接机的功能就是把两根光纤熔接到一起，所以正确使用熔接机也是降低光纤接续损耗的重要措施。光纤熔接是接续工作的中心环节，因此高性能熔接机和熔接过程中的科学操作是关键。

熔接前根据光纤的材料和类型设置好最佳预熔注入电流、时间，以及光纤送入量等关键参数。光纤熔接有自动熔接和手动熔接两种选择。一般选择自动模式，操作如下。

①接通电源，熔接机进入自动模式。

②打开防风盖，把光纤固定到 V 形槽中，关闭防风盖。

③按下"SET"键，熔接机开始以下自动接续过程：调间隔→调焦→清灰→端面检查→变换 Y →变换 X →调焦→端面检查→对纤芯→变换 Y →变换 X →调焦→对纤芯→熔接→检查→变换 Y →变换 X →检查→推定损耗。

④接头处评价。注意接头处的影像有无气泡、黑影、黑色粗线波纹、白线、模糊细线、污点或划伤等。熔接过程中还应及时清洁熔接机 V 形槽、电极、物镜、熔接室等，随时观察熔接中有无气泡或过细、过粗、虚熔、分离等不良现象，注意使用光时域反射仪（OTDR）跟踪监测结果，及时分析产生上述不良现象的原因，采取相应的改进措施。如多次出现虚熔现象，应检查熔接的两根光纤的材料型号是否匹配，切刀和熔接机是否被灰尘污染，并检查电极氧化状况，若均无问题则应适当提高熔接电流来解决。

⑤裸纤补强。按"RESET"键，取出光纤，套上补强套管，并放置于加热器中，按下"HEATER SET"键开始加热，等蜂鸣器报警时便可取出光纤。

（3）盘纤

经过熔接的光纤需要整理和放置到接线盒中，这一过程叫作盘纤。盘纤是一门技术，也是一门艺术。科学的盘纤方法可使光纤布局合理、附加损耗小，经得住时间和恶劣环境的考验，可避免因挤压造成的断纤现象。

①盘纤的规则。

A.沿松套管或光缆分支方向为单元进行盘纤。前者适用于所有的接续工程，后者仅适用于主干光缆末端，且为一进多出，分支多为小对数光缆。

B.以预留盘中热缩管安放单元为单位盘纤。此规则根据接续盒内预留盘中某一小安放区域内能够安放的热缩管数目进行盘纤，避免了由于安放位置不同而造成的同一束光纤参差不齐、难以盘纤和固定，甚至出现急弯或小圈等现象。

C.特殊情况，如在接续中出现光纤分路器、上／下路尾纤、尾缆等特殊器件时，要先熔接、热缩，再盘绕普通光纤。

②盘纤的方法。

A.先中间后两边，即先将热缩后的套管逐个放置于固定槽中，然后再处理两侧余纤。其优点是有利于保护光纤接点，避免盘纤可能造成的损害。

B.从一端开始盘纤，固定热缩管，然后再处理另一侧余纤。其优点是可根据一侧余纤长度灵活选择热缩管安放位置，这种方法方便、快捷，可避免出现急弯或小圈现象。

C. 特殊情况的处理。如个别光纤过长或过短，可将其放在最后，单独盘绕。带有特殊光器件时，可将其另盘处理。若与普通光纤共盘，应将其轻置于普通光纤之上，两者之间加缓冲衬垫，以防止挤压造成断纤，且特殊光器件尾纤不可太长。

D. 根据实际情况采用多种图形盘纤。按余纤的长度和预留空间大小，顺势自然盘绕，切勿生拉硬拽，应灵活地采用圆、椭圆、"CC"、"～"多种图形盘纤（注意 $R \geqslant 4$ cm），尽可能最大程度利用预留空间并有效降低因盘纤带来的附加损耗。

2. 光纤接续质量控制

加强光时域反射仪的监测，对确保光纤的熔接质量、减小因盘纤带来的附加损耗和封盒可能对光纤造成的损害，具有十分重要的意义。在整个接续工作中，必须严格执行光时域反射仪的四道监测程序。

①熔接过程中对每一芯光纤进行实时跟踪监测，检查每一个熔接点的质量。

②每次盘纤后，对所盘光纤进行例检，以确定盘纤带来的附加损耗。

③封接续盒前对所有光纤进行统一测定，以查明有无漏测和光纤预留空间对光纤及接头有无挤压。

④封盒后，对所有光纤进行最后监测以检查封盒是否对光纤有损害。

第 5 章　网络综合布线系统的测试与验收

网络综合布线系统就是为了顺应发展需求而特别设计的一套布线系统。对于现代化的大楼来说，就如体内的神经，它采用了一系列高质量的标准材料，以模块化的组合方式，把语音、数据、图像和部分控制信号系统用统一的传输媒介进行综合，经过统一的规划设计，综合在一套标准的布线系统中，本章就针对网络综合布线系统的测试与验收进行论述。

5.1　网络综合布线系统的测试参数

5.1.1　双绞线链路测试参数

目前，综合布线系统工程中使用的传输介质主要是双绞线和光缆。对于不同等级的电缆，需要测试的参数不相同，本部分内容参照我国国家标准《综合布线系统工程验收规范》，介绍综合布线系统测试参数的概念及其指标要求。

1. 接线图

接线图（Wire Map）测试用来验证水平电缆终接在工作区或管理间配线设备的 8 位模块式通用插座的安装连接正确或错误，属于最基础的测试。综合布线可采用 T568A 和 T568B 两种端接方式，两种端接方式的线序是固定的，不能混用和错接。对于非 RJ45 的连接方式，按相关规定列出结果。

布线施工过程中，由于放线和端接技术等原因，可能出现几种典型正确或不正确的接线图测试情况，当出现不正确连接时，测试仪会指示有误，并显示错误类型。

2. 长度

长度是指链路的物理长度。布线链路及信道线缆长度应在测试接线图所要求的极限长度范围内。

现场测试综合布线长度可以通过测量线缆芯线电子长度的方法来估算。一般使用的测量方法是时域反射法（TDR）。时域反射法的工作原理是，测试仪从电缆的一端发出一个脉冲波，在脉冲行进时，如果碰到阻抗的变化，如开路、短路或接线错误，就会将部分或全部的脉冲波能量反射回测试仪。依据来回脉冲的延迟时间及已知的信号在电缆中传播的标称传播相速，测试仪就可以算出脉冲波接收端到该脉冲波返回点的长度。

3. 衰减

衰减（Attenuation）是指信号能量在沿传输介质传输时损耗的量度。衰减是一种插入损耗（Insertion Loss），一条链路的总插入损耗是电缆和布线部件的衰减总和。衰减与以下几个因素有关。

（1）线缆长度

线缆越长，链路的衰减就越大。现场测量时通常以 100 m 为限。

（2）信号频率

由于线缆阻抗的存在，它会随着信号频率的增加，而使信号的高频分量衰减加大。所以应测量应用范围内的全部频段的衰减。

（3）电缆结构

有屏蔽的电缆，衰减值也会上升 2% ~ 3%。衰减的度量单位是分贝，是指单位长度的电缆（通常是 100 m）的衰减量。以规定的扫描或者步进频率标准作为测量单位，衰减的分贝越大，接收的信号越弱。信号衰减到一定程度时，将会引起链路传输的信息不可靠。

现场测试仪器应测量出已安装的每一对线缆衰减的最严重情况，并且通过衰减最大值与衰减允许值比较后，得出通过或未通过的结论。

4. 近端串扰

串扰是高速信号在双绞线上某线对中传输时，由于平衡电缆互感和电容的存在，在相邻线对中感应的一部分信号。串扰分为近端串扰和远端串扰两种。

近端串扰是指处于线缆一侧的某发送线对的信号对同一侧其他相邻（接收）线对通过电磁感应所造成的信号耦合。它是双绞线电缆链路的一个关键的性能指标。影响近端串扰值的因素主要有双绞线本身的质量和打线、压接线头时的工艺水平、测试时的频率等。除此之外，近端串扰值在电缆原材料和工艺比较均匀的情况下，还取决于扭绞节距、成缆节距、线对间距和线缆结构等因素。双绞线的两条导线绞合在一起后，因为相位相差 180°，进而相互抵消彼此之间的信号干扰，绞距越紧，抵消效果越好，也就越能支持较高的数据传输速率。在端接施工时，为减少串扰，打开绞接的长度不能超过 13 mm。

近端串扰用近端串扰损耗值来度量，其值为导致该串扰的发送线对上发送信号值与被测线对上发送信号感应值的差值，单位是分贝。测量的近端串扰损耗值越大，表示线对间受到的串扰越小，线路性能就越好，反之就越差。

同时，各类布线系统永久链路（或 CP 链路）和信道的每一线对与布线两端的最小近端串扰值可参考所示的关键频率建议值。

5. 综合近端串扰

近端串扰是一对发送信号的线对对被测线对在近端的串扰，实际上，在 4 对双绞线电缆中，当其他 3 个线对都发送信号时，也会对被测线对产生串扰。近端串扰功率和（Power Sum NEXT，PSNEXT）就是 4 对双绞线电缆中的 3 个发送信号的线对向另一相邻接收线对产生的近端串扰之和。

6. 传输延迟与延迟偏差

传输延迟是指信号从电缆一端传输到另一端所需的时间。它是衡量信号在电缆中传输快慢的物理量，测量的标准是信号在 100 m 电缆上的传输时间，单位是 ns。

延迟偏差（Delay Skew）是指同一非屏蔽双绞线电缆中传输速度最快的线对和传输速度最慢的线对的传输延迟差值。它以同一电缆中信号传输延迟最小的线对的时延值为参考。

这是因为信号传送时，在发送端分组到不同线对并行传送，到接收端后重新组合，如果线对之间传输的时差过大，接收端就会丢失数据，从而影响信号的完整性而产生误码。

7. 回波损耗

回波损耗（Return Loss，RL）又称反射损耗，是电缆与接插件构成布线链路阻抗不匹配导致的一部分能量反射。

如果布线链路所用的线缆和相关接插件阻抗不匹配而引起阻抗变化，则会造成终端传输信号量被反射回去，被反射到发送端的一部分能量会形成噪声，导致信号失真，从而影响综合布线系统的传输性能。反射的能量越少，意味着布线链路采用的电缆和相关连接件一致性越好，传输信号越完整，在链路上的噪声越小，因此回波耗损越大越好。

5.1.2 光纤链路测试参数

光纤链路的测试目的就是检测光缆敷设和端接是否正确。根据我国制定的《综合布线系统工程验收规范》的相关规定，光纤链路主要测试以下两项内容。

①在施工前，进行器材检验时，一般检查光纤的连通性，必要时采用光纤损耗测试仪（稳定光源和光功率计组合）对光纤链路的插入损耗和光纤长度进行测试。

②对光纤链路（包括光纤、连接器和熔接点）的衰减进行测试，同时测试光纤跳线的衰减值，可作为设备连接光缆的衰减参考值，整个光纤信道的衰减值应符合设计要求。

1. 光纤链路的长度

光纤链路包括光纤布线系统两个端接点之间的所有部件，包括光纤、光纤连接器和光纤接续子等。TIA/EIA 568-B3 标准中定义的光纤链路段模型为两个光纤接线段：水平链路段和主干链路段。典型的水平链路段为自电信出口或者是连接器到水平交叉线。典型的主干链路有三种：从主跳接到中间跳接、从中间跳接到水平跳接和从主跳接到水平跳接。

（1）水平光纤链路

水平光纤链路从水平跳接点到工作区插座的最大长度为 100 m，它只需 850 nm 和 1300 nm 的波长，要在一个波长内单方向进行测试。

（2）主干多模光纤链路

主干多模光纤链路应该在 850 nm 和 1300 nm 波段进行单向测试，链路在长度上有如下几项要求：从主跳接到中间跳接的最大长度是 1700 m；从中间跳接到水平跳接的最大长度是 300 m；从主跳接到水平跳接的最大长度是 2000 m。

（3）主干单模光纤链路

主干单模光纤链路应该在 1310 nm 和 1550 nm 波段进行单向测试，链路在长度上有如下几项要求：从主跳接到中间跳接的最大长度是 2700 m；从中间跳接到水平跳接的最大长度是 300 m；从主跳接到水平跳接的最大长度是 3000 m。

2. 光纤链路的衰减

衰减是光纤链路的一个重要的传输参数，它是指光沿光纤传输过程中光功率的损失。衰减测试就是对光功率损耗的测试。损耗是与光纤的长度成正比的，但由于在综合布线系统中，光纤链路的距离较短，因此，与波长有关的衰减可以忽略。光纤连接器损耗和光纤接续子损耗是水平光纤链路的主要损耗。

①光缆布线链路在规定的传输窗口测量出的最大光衰减应不超过相关的规定，该指标已包括接头与连接插座的衰减在内。

②布线系统所采用的光纤的性能指标及光纤链路指标应符合设计要求。不同类型的光缆在标称的波长下，每千米的最大衰减值应符合相关的规定。

5.2　电缆测试技术

5.2.1 电缆链路的测试方法

1. 基本链路连接

基本链路连接模型需要用 90 m 的端间固定水平线缆、在两端的接插件（一端为信息插座，另一端为楼层配线架）以及连接两端插件的两条 2 m 长的测试线。

2. 永久链路连接

永久链路连接模型用于测试固定链路（水平电缆及相关连接器件）性能，由 90 m 水平电缆（不包括链路以外的总共 4 m 的测试跳线）和一个接头（必要时再加一个可选转接／汇接头）组成。永久链路配置不包括现场测试仪插接软线和插头。测试永久链路模型，可以得到近端串扰、近端串扰功率和、远端串扰功率和（PSELFEXT）插入损耗，功率和衰减串音比，回波损耗等诸多参数。使用现场测试仪器对永久链路连接模型进行测试时，得到的是用户真正使用的链路的性能，最真实地反映了布线系统的性能和安装质量。

3. 信道连接

信道连接模型在永久链路连接模型的基础上，增加了包括工作区和电信间的设备电缆与跳线的部分，即端到端的整体链路。信道连接包括 90 m 的水平线缆、一个信息插座模块、一个靠近工作区的可选的附属转接连接器、在楼层配线间跳线架上的两处连接跳线和用户终端连接线，总长不得超过 100 m（设备到通道两端的连接线不包括在通道定义之内）。

5.2.2 电缆链路的认证测试

认证测试是基于国内或国际的标准对电缆进行测试，测试完成后要有测试报告。报告中包括了测试地点、操作人员和仪器、测试的标准、电缆的识别号、测试的具体参数和结果等。

综合布线的链路性能不仅取决于布线的施工工艺，还取决于采用的线缆及相关连接硬件的质量，所以对传输链路必须进行认证测试。认证测试并不能提高综合布线的链路性能，只是为了检验布线系统工程的施工、安装操作工艺和所采用的线缆及连接硬件质量等方面的整体性能指标，以便确认系统是否达到设计要求和是否符合国家标准及相关国际标准。

1. 测试内容

根据《综合布线系统工程验收规范》中的定义，电缆系统测试分为基本项目测试和任选项目测试。基本项目测试包含长度、接线图、衰减、近端串扰。任选项目测试包含除基本项目测试以外的项目。屏蔽布线系统还应测试非平衡衰减、传输阻抗、耦合衰减和屏蔽衰减等内容。

目前，除了部分语音布线还在采用六类双绞线之外，数据部分已经有了超五类和六类两种双绞线。超五类和六类布线系统在五类布线四个基本测试项目（接线图、长度、衰减和近端串扰）的基础上，增加了近端串扰功率和、远端串扰功率和、传输延迟偏差等技术参数的测试。

需要注意的是，此处的线缆长度是指线缆绕对的长度，并不是指线缆表皮的长度。一般来说，共绕对的长度要比表皮的长度长，并且由于每对线对的绞率不同，4对绕的线缆可能长度不一。

串绕出现时端对端连通性是好的，所以用万用表这类工具检查不出来，只有用专用的电缆测试仪才能检查出来。由于串绕使相关的线对没有扭结，在线对间信号通过时会产生很高的近端串扰。当信号在电缆中高速传输时，产生的近端串扰如果超过一定的限度就会影响信息传输。对计算机网络来说，意味着会因产生错误信号而浪费有效的带宽，甚至会产生严重的影响。

在新建的建筑物中，敷设线缆是伴随着建筑施工进行的。当线缆布放完毕，尤其是装潢之后，再想改变已布放的线缆是非常困难的。如果安装人员能够边施工边测试，则可以减少认证测试时由于仅仅是连接错误而返工所造成的浪费，可以保证施工质量及提高施工速度。这种边施工边测试的方法称为验证测试，也称随工测试。

验证测试的主要内容是线缆及连接件的连接性能（包括连接是否正确）。无论是在配线架还是在工作区施工，这种验证测试贯穿每一个连接或端接的过程中，既可以保证线对的正确安装，又可以保证电缆的总长度不超过综合布线的要求。当所有的连接和终接工作完成时，随工测试也就基本完成了。这种施工与测试相结合的方法，为认证节省了大量的时间。

　　Fluke 620 就是一款能够在任何地方进行连通性测试的仪器，Fluke 620 在电缆的另一端既不需要远端单元进行端接，也无须连接器，就可以完成全部的综合布线验证测试。

　　Fluke 620 相关性能介绍如下。

　　①单人即可进行链路的连通性测试。

　　②可测试所有类型的局域网电缆。

　　③可进行双绞线电缆中 2、3、4 对绞线的测试。

　　④可检测的接线故障包括开路、短路、跨接、反接和串扰。

　　⑤测量链路长度。

　　⑥简单易用，通过单一旋钮选择测试项目。

　　⑦便于携带，电池使用寿命长（50 h）。

　　⑧接线或者连接错误的定位（仪器至开路或短路的距离）。

　　⑨输入端可承受电话振铃和环路电压。仪器会显示"Active Cable"以警告用户，同时还能发出声音报警。

　　2. 认证参数的测试与指标

　　（1）接线图

　　接线图的目的就是检查 8 芯电缆中每对线的连接是否正确，该测试属于连接性能测试。对于 8 芯电缆，接线图测试的主要内容包括端端连通性和开路、短路、错对、反接等与线序有关的故障。

　　（2）长度

　　线缆的长度是指线缆链路的物理长度。每一个链路的长度必须记录在文档中。目前线缆的长度采用测量电子长度的方法进行估算，即根据链路的传输延迟和电缆的标称传播相速度值来确定。

　　在综合布线测试之前，对现场测试仪应进行校正，以得到精确的标称传播相速度值。校正的方法是采用已知长度的典型电缆来校正标称传播相速度值。非屏蔽双绞线电缆的标称传播相速度值为 62% ～ 72%。由于每条电缆的线对间绞距不同，所以在测试时以延迟时间最短的线对作为参考标准来校正电缆测试仪。严格的标称传播相速度值的校正很难全部实现，一般会有 10% 的误差。

　　布线链路以及信道线缆长度应在测试连接所要求的极限长度范围内，当链路长度超过了规定的极限长度后，将导致网络通信失败。各个测试模式所规定的线缆的长度不同，分别如下。

基本链路：长度极限为 90 m，其中包括了两端的测试跳线。

永久链路：长度极限为 94 m，其中包括了两端的测试跳线。

通道链路：长度极限为 100 m，其中包括了两端的测试跳线、链路中的转接和信息模块。

布线链路以及信道长度是指连接电缆的物理长度，常用电子测量来估算。

（3）衰减

衰减测试是对电缆和链路连接硬件中信号损耗的测量，衰减随频率而变化，所以应分范围测量。例如，五类、超五双绞线的测量范围为 1 ～ 100 MHz，六类和超六类双绞线的测量范围为 1 ～ 250 MHz。衰减是信号沿链路传输损失的量度，是信号高速传输中最重要的参数之一。衰减是频率的持续函数，信号频率越高，其衰减越大。衰减是以分贝表示的。

现场测试仪应测量出已安装的每一线对的衰减最严重情况，即衰减最大值，并且通过将衰减最大值与衰减允许值进行比较后，做出通过或未通过的结论。如果通过，则给出处于可用频率范围内的最大衰减值；如果未通过，则给出未通过时的衰减值、测试允许值及所在点的频率。

测量衰减时，值越小越好。线缆的信号衰减受温度的影响很大，随着温度的增加，线缆的衰减也会增加。这就是规定测试温度为 20 ℃的原因。

一般来说，温度每升高 10 ℃，线缆的信号衰减就增大 4%。这意味着 40 ℃下 92.6 m 线缆的信号衰减与 20 ℃下 100 m 线缆的信号衰减相同。当电缆安装在金属管道内时，每增加 1 ℃，链路的衰减增加 2% ～ 3%。现场测试设备应测量出安装的每对线缆衰减最严重的情况，并且通过将衰减最大值与衰减允许值比较，给出合格或者不合格的结论。

如果合格，则给出处于可用频率内的最大衰减值，否则给出不合格时的衰减值，测试允许值及所在点的频率。如果测量结果接近测试极限，而测试仪不能确定是合格或失败时，则将此结果用“合格”标识，若结果处于测试极限，则给出“不合格”。

合格或者失败的测试极限是按链路的最大允许长度（信道链路 100 m、永久链路 90 m）设定的，不是按长度分摊的。若测量出的值大于链路实际长度的预定极限，则在报告中前者将加星号，以示警告。

（4）近端串扰

近端串扰是非屏蔽双绞线电缆的一个关键的性能指标，也是最难精确测量的指标。一条非屏蔽双绞线电缆上的近端串扰损害会在每对线缆之间进行，共有 6 对线对，因此对于一条双绞线电缆，需要测试 6 次近端串扰。

　　由于每对双绞线上都有电流流过，有电流就会在线缆附近造成磁场，为了尽量抵消线与线之间的磁场干扰，包括抵消近场与远场的影响，达到平衡的目的，把同线对进行双绞。但是在做水晶头时必须把双绞线拆开，这样就会造成 1、2 线对的一部分信号泄漏出来，被 3、6 线对接收到，泄漏出来的信号被称为串扰或串音。

　　串扰分近端串扰和远端串扰，由于远端串扰的量值影响较小，因此测试仪主要是测量近端串扰。近端串扰并不表示在近端点产生的串扰值，它只表示在近端点所测量的串扰数值。这个量值会随电缆长度的变化而变化，同时发送端信号也会衰减，对其他线对的串扰值也相对变小。

　　实验证明，在 40 m 内测量得到的近端串扰值是较为真实的，如果另一端是大于 40 m 的信息插座，它会产生一定程度的串扰，但测试仪可能无法测量到这一串扰值。基于这个原因，对近端串扰的测量，最好在两端都进行。布线系统永久链路的最小近端串扰值应符合国家的相关标准。

　　（5）回波损耗

　　在全双工的网络中，当一对线缆负责发送数据时，在传输过程中遇到阻抗不匹配的情况时就会引起信号的反射，即整条链路有阻抗异常点。一般情况下非屏蔽双绞线的链路的特性阻抗为 $100 \times (1+15\%)\ \Omega$，超出范围就是阻抗不匹配。信号反射的强弱与阻抗和标准的差值有关，如断开时阻抗无穷大，导致信号 100% 的反射。由于是全双工通信，整条链路既负责发送信号也负责接收信号，如果遇到信号的反射，之后与正常的信号进行叠加就会造成信号的不正常，因此对于全双工的网络来说，回波损耗非常重要。

　　（6）等电平远端串扰

　　远端串扰和近端串扰恰好相反。当一对线缆发送信号时，近端串扰从其他线对向回反射，而远端串扰从其他线对向远端反射，所以远端串扰和近端串扰所走的距离几乎相同，所用的时间也几乎相同。

　　等电平远端串扰（Equal Level Far End Cross Talk，ELFEXT）是远端串扰和衰减信号的比，可实际上，等电平远端串扰是信号比的另一种表达方式，即两个以上的信号向同一方向传输（1000BaseT）时的情况。千兆网线用 4 对线缆同时来发送一组信号，再在接收端组合。具有同样方向和传输时间的串扰信号会干扰正常信号在接收端的组合，所以要求链路具有很好的等电平远端串扰值。

　　等电平远端串扰用于测量电缆远端因线对间多余信号耦合引起的临近线对噪声。等电平远端串扰通过在一个线缆对的近端输入已知的测试信号，然后测量同一电缆另一端另一线对上的耦合噪声。等电平远端串扰用于测量因三个邻近线对上远端信号的多余耦合引起的任何电缆对上的噪声。等电平远端串扰的分贝值越大，线缆对间的信号耦合就越少（性能越好）。永久链路最小等电平远端串扰值如表 5-1 所示。

表 5-1　永久链路最小等电平远端串扰值

频率 /MHz	最小等电平远端串扰值 /dB		
	D级	E级	F级
1	58.6	64.2	65.0
16	34.5	40.1	59.3
100	18.6	24.2	46.0
250	—	16.2	39.2
600	—	—	32.6

（7）传输时延偏差

传输时延偏差即信号在线对上传输时最小时延和最大时延的差值，用 ns 标识，一般在 50 ns 范围以内。由于在千兆网中使用 4 对线缆传输，且为全双工，在数据发送时，采用了分组传输，即将数据拆分成若干个数据包，按一定顺序分配到 4 对线缆上进行传输，而在接收时又按照反向顺序将数据重新组合，如果延时偏差过大，那么势必造成传输失败。布线系统永久链路的最大传输时延偏差应符合相关的规定。永久链路传输时延偏差如表 5-2 所示。

表 5-2　永久链路传输时延偏差

等级	频率 f / MHz	最大时延偏差
A	$f = 0.1$	—
B	$0.1 \leqslant f \leqslant 1$	—
C	$0.1 \leqslant f \leqslant 16$	0.044
D	$0.1 \leqslant f \leqslant 100$	0.044
E	$0.1 \leqslant f \leqslant 250$	0.044
F	$0.1 \leqslant f \leqslant 600$	0.026

（8）近端串扰功率和

近端串扰功率和用于测量因三个临近线对上近端信号的多余耦合引起的任何线缆对上的噪声。任何线缆对的近端串扰功率和通过在该线对和三个其他线缆对之间测量的近端串扰功率总和来计算。

近端串扰功率和用三个输入的近端串扰测试信号水平与同一电缆端剩余线缆对上出现的耦合噪声信号水平间的比率来表示。近端串扰功率和比率用分贝来表示，其值越大，则线缆对间信号耦合越少（性能越好）。永久链路最小近端串扰功率和如表 5-3 所示。

表 5-3　永久链路最小近端串扰功率和

频率 /MHz	最小近端串扰功率和		
	D级	E级	F级
1	57.0	62.0	62.0
16	42.2	52.2	62.0
100	29.3	39.3	62.0
250	—	32.7	57.4
600	—	—	51.7

5.2.3 测试仪器的选择

现场测试仪器最主要的功能是认证综合布线链路能否通过综合布线标准的各项测试，如果发现链路不能达到要求，则测试仪器具有故障查找和诊断能力就显得十分必要。所以，在选择综合布线现场测试仪器时通常考虑以下几个因素：测试仪器的精度和测试结果的可重复性；测试仪器能支持多少种测试标准；是否具有对所有综合布线故障的诊断能力；使用是否简单容易。

1. 认证测试仪器的使用

①选定测试仪器。认真阅读随机的说明书，掌握正确的操作方法。

②熟悉综合布线系统图、施工图。了解该综合布线的用途以及设计要求、测试的标准，如信道或者永久链路、电缆类型、测试标准等，并根据这些情况设置测试仪器。

③测试。在发现故障时应及时修复并重新进行测试。

④测试报告输出与整理。通常测试仪器会自动生成对被测电缆的测试报告。测试报告分图解式报告和表格式报告两种。另外，有的测试仪器还可以生成总结摘要报告。这些报告可以输入计算机，然后进行汉化处理。但由于认证测试是十分严格的过程，有些情况下不允许对测试结果进行修改，必须从测试仪器直接送往打印机打印输出，所以多数情况下综合布线认证报告是以英文原文的方式打印归档的。

2. 测试仪器精度范围内的测试结果

测试仪器的测试结果中会出现带有星号"*"的测试值。带有星号的测试结果表示该值是在测试仪器的精度范围内，但测试仪器不能确定是通过还是未通过，如果测量结果位于测试仪器精度极限且在通过范围内，则此结果用"* PASS"表示；如果测试结果处于测试仪器精度极限且在未通过范围内，则测试结果为"* FAII"。在综合布线测试中除了接线图外，所有测试都可能会产生带星号的测试结果，如果是"PASS"的结果带有星号，则要想办法改进电缆装置以消除边际性能；如果是"FAIL"的结果带有星号，则应视为失败。

5.3 光纤测试技术

随着计算机网络的不断发展，光纤在计算机网络中的应用越来越广泛。由于在光纤布线系统的施工过程中涉及光缆的敷设、光缆的弯曲半径、光纤的连接、光纤跳线，更由于设计方法及物理布线结构的不同，会导致光纤信道上光信号的传输衰减等指标发生变化，所以，当综合布线工程结束时，除了要进行铜缆的测试外，还必须对光纤链路进行认真的测试，以确认光纤布线系统达到设计的要求和网络应用的要求。

在前面介绍光纤链路测试参数的基础上，根据《综合布线系统工程验收规范》的有关规定，下面介绍常用光纤测试设备及光纤链路的测试。

5.3.1 常用光纤测试设备

与双绞线测试一样，在进行光纤测试前，必须选购合适的光纤测试设备，即光纤测试仪。不同的测试设备具有不同的测试功能，应用于不同的测试环境。

一些设备只可以进行基本的连通性测试，还有一部分设备可以在不同的波长上进行全面测试。光纤测试设备主要包括闪光灯、光纤识别仪和故障定位仪、光功率计、光纤测试光源、光损耗测试仪、光时域反射仪等。下面着重介绍光功率计、光纤测试光源、光时域反射仪。

1. 光功率计

光功率计是测量光纤布线链路损耗的基本设备。它可以在接收端测量光纤的输出功率，在光纤链路段，用光功率计可以测量传输信号的损耗和衰减。大多数光功率计是手提式设备，用于测试多模光纤链路的光功率计的工作波长是850 nm 和 1300 nm，用于测试单模光纤链路的光功率计的工作波长是 1310 nm 和 1550 nm。

2. 光纤测试光源

在进行光功率测量时，必须使用一个稳定的光源。光纤测试光源可以产生稳定的光脉中。目前的光源主要有 LED（发光二极管）光源和激光光源两种，LED 光源造价比较低，主要用于短距离的局域网；激光光源设备较昂贵，主要用于长距离的主干网。

光纤测试光源与光功率计组合在一起，可以测量光纤系统的光损耗，所以两者合成的一套仪器常称为光损耗测试仪（或称作光万用表）。

福禄克公司的 SimpliFiber Pro 工具包就是光源和光功率计的集合，它为基于光缆的以太网、令牌环网（Token Ring）和光纤分布式数据接口（FDDI）的网络设计，允许用户快速、准确地评估光缆传输信道和设备上功率的损耗，可以存储 100 条测试记录，并用 Link Ware PC 软件打印测试报告。

3. 光时域反射仪

光时域反射仪是专门用于光缆布线故障诊断和认证测试的光纤测试设备。光时域反射仪基于回波反射的工作方式，通过测量回波反射的量来检测链路中的光纤连接器和接续子。使用光时域反射仪可以测试光纤的长度、光纤衰减以及衰减分布情况，还可以确定光纤链路的故障原因和故障位置。

福禄克网络公司推出的 Opti Fiber 光缆认证分析仪是目前综合布线工程中常用的光时域反射仪，Opti Fiber 可以满足最新光缆认证和测试需求。它将插入损耗和光缆长度测量、光时域反射仪分析和光缆连接头端接面洁净度检查集成在一台仪器中，提供更高级的光缆认证和故障诊断。随机附带的 Link Ware PC 软件可以管理所有的测试数据，对这些数据进行文档备案，生成测试报告。

此外，福禄克公司在 DSP 和 DTX 系列电缆测试仪上配套光缆测试适配器也是一种进行光纤测试时较为方便、集成度高的方案。这项方案的出台使得结构紧凑的适配器可以确保被测试的光缆和网络的传输光源相匹配，可以自动进行双光缆、双波长的测试和认证，它们使 DSP 和 DTX 系列电缆认证分析仪变成了全功能的网络测试仪。

5.3.2 光纤链路的测试

对光纤链路的测试通常是对每一条光纤链路的两端在双波长（单模光纤为1310/1550 nm，多模光纤为 850/1300 nm）情况下测试收 / 发情况（水平光纤链路的测量可以除外，因为光纤长度短，因波长变化而引起的衰减不明显）。根据光纤链路的测试内容，可将光纤的测试分为四个方面，即光纤的连通性测试、端－端损耗测试、收发功率测试、回波损耗测试。

1. 连通性测试

连通性测试比较简单。连通性测试的目的是确定光纤中是否存在断点。通常，在购买光缆时，采用这种方法进行测试。

2. 端－端损耗测试

对已敷设的光缆，可用插损法测试端－端损耗，即用一个光功率计和一个光源来测量两个功率的差值：第一个是从光源注入光缆的能量，第二个是从光缆段的另一端射出的能量。两个功率的差值，即为每个光纤链路的损耗。测量时，为确定光纤的注入功率，必须对光源和光功率计进行校准。校准后的结果可为所有被测光缆的光功率损耗测试提供一个基点。具体步骤如下。

将光源和光功率计分别连接在参照测试光纤的两端，通常用两个测试用光缆跳线做参照，用参照适配器把测试用光缆跳线两端连接起来，这样测量出光源到直接相连的光功率计之间的参考损耗值 P_1。

将两段光纤跳线分别接到被测光纤两端后，再将光源和光功率计连入光纤链路，测量从发送器到接收器的实际损耗值 P_2。

端－端的功率损耗即为参考度量与实际度量之差：P_1-P_2。

3. 收发功率测试

收发功率测试是测定光纤链路的有效方法，使用的设备主要是光功率计和一段跳线。在实际应用中，链路两端的距离无法确定，链路的两端可以相距很远，但只要测得发送端和接收端的光功率，即可判定光纤链路的运行状况。具体的操作过程如下。

在发送端将被测光纤取下，用跳线代替。跳线一端为原来的发送器，另一端为光功率计。使光发送器工作，即可在光功率计上测得发送端的光功率值。

在接收端，用跳线取代原来的跳线，接入光功率计。在发送端的光发送器工作的情况下，即可测得接收端的光功率值。发送端与接收端的光功率值之差，就是该光纤链路所产生的损耗。

4. 回波损耗测试

回波损耗测试是光纤链路故障检修的有效手段。需要采用光时域反射仪来测量光纤链路的回波损耗。光时域反射仪在进行测试时，把光脉冲注入光纤后，再测试反射回来的光，因为光纤连接器和接续子处会有光反射回来，所以光时域反射仪可根据反向散射来探测光纤链路中的连接器和接续子。同时，光时域反射仪通过测量反向散射信号的返回时间来确定光纤连接点的距离。因此，光时域反射仪适用于故障定位，特别是用于确定光缆断开或损坏的位置。

在对光纤链路进行测试时，必须注意以下几个方面。对光纤链路进行连通性、端-端损耗、收发功率和回波损耗四种测试，要严格区分单模光纤和多模光纤的基本性能指标、基本测试标准和测试仪器或测试附件。

要保证测试仪器的精度，为此，应选用动态范围大的，通常为 60 dB 或更高的测试仪器。在这一动态范围内功率测量的精确度通常被称为动态精确度或线性精确度。

要校准好测量仪器。为使测量结果更准确，测试前应对所有的光连接器件进行清洗，并将测试接收器校准到零位。

5.4　网络综合布线系统工程的验收

5.4.1 验收标准及基本要求

综合布线系统工程的验收包括利用各类测试仪对现场进行认证，还包括对施工环境、设备质量、竣工技术文件等众多项目的检查。综合布线系统工程的质量验收极其重要，是保证工程质量和投产后正常运行不可或缺的关键步骤。

综合布线系统工程施工中的主要依据和指导性文件较多，主要依据有国内外有关标准和规范，包括设计、施工及验收等内容。指导性文件或有关文件有工程设计文件、施工图纸、承包合同和施工操作规程等。

1. 网络布线系统验收标准

由于国内大多数综合布线系统工程采用国内外厂商生产的产品，且其工程设计和安装施工绝大部分是国外厂商或代理商组织实施的。因缺乏统一的工程建设标准，所以无论是在产品的技术和外形结构，还是在具体设计和施工以及与房屋建筑的互相配合等方面都存在一些问题，没有取得应有的效果。为此，我国主管建设部门和有关单位在近几年来组织编制和批准发布了一批有关综合布线系统工程设计施工应遵循的依据和法规。这方面的主要标准和规范如下。

①国家标准《综合布线系统工程设计规范》（GB 50311—2016）：由住房和城乡建设部发布，自 2017 年 4 月 1 日起施行。

②国家标准《综合布线系统工程验收规范》（GB 50312—2016）：由建设部发布，自 2017 年 4 月 1 日起施行。

③国家标准《智能建筑设计标准》（GB/T 50314—2015）：由住房和城乡建设部发布，自 2015 年 11 月 1 日起施行。

④国家标准《智能建筑工程质量验收规范》（GB 50339—2013）：由住房和城乡建设部发布，自 2014 年 2 月 1 日起施行。

⑤国家标准《通信管道工程施工及验收规范》（GB/T 50374—2018）：由住房和城乡建设部发布，自 2019 年 3 月 1 日起施行。

⑥国家标准《建筑电气工程施工质量验收规范》（GB 50303—2015）：由住房和城乡建设部发布，自 2016 年 8 月 1 日起施行。

⑦通信行业标准《建筑与建筑群综合布线系统工程设计施工图集》（YD 5082—1999），由信息产业部（现为工业和信息化部）批准发布，自 2000 年 1 月 1 日起施行。

⑧通信行业标准《城市住宅区和办公楼电话通信设施验收规范》（YD 5048—1997）：由邮电部（现重组为工业和信息化部）批准发布，自 1997 年 9 月 1 日起施行。

⑨通信行业标准《通信电缆配线管道图集》（YD 5062—1998）：由信息产业部批准发布，自 1998 年 9 月 1 日起施行。

⑩《城市住宅建筑综合布线系统工程设计规范》（CECS 119—2000），该规范为推荐性，由协会下属通信工程委员会主编，经中国工程建设标准化协会批准，自 2000 年 12 月 1 日起施行。

工程技术文件、承包合同文件要求采用国际标准时，应按要求采用适用的国际标准，但是不能低于上述国家规范的规定。此外，在综合布线系统工程施工中，还可能涉及本地电话网，所以还应遵循我国通信行业标准等规定。以下国际标准可供参考。

①《用户楼宇通用布线标准》（ISO/IEC 11801）。

②《商业建筑电信布线标准》（TIA/EIA 568）。

③《商业建筑电信布线安装标准》（TIA/EIA 569）。

④《商业建筑通信基础结构管理规范》（TIA/EIA 606）。

⑤《商业建筑通信接地要求》（TIA/EIA 607）。

⑥《信息系统通用布线标准》（EN 50173）。

⑦《信息系统布线安装标准》（EN 50174）。

2. 验收的基本要求

综合布线系统工程的竣工验收工作是对整个工程的全面验证和施工质量评定。因此，必须按照国家规定的工程建设项目竣工验收办法和工作要求实施，不应有丝毫草率从事或形式主义的做法，力求工程总体质量符合预定的目标要求。

在综合布线系统工程施工过程中，施工单位必须重视工程质量，按照《综合布线系统工程验收规范》的有关规定，加强自检、互检和随工检查等技术措施。建设单位的常驻工地代表或工程监理人员必须按照工程验收规范的要求，在整个安装施工全过程中，认真负责、一丝不苟，加强工地的技术监督及工程质量检查工作，力求消灭一切因施工质量而造成的隐患。所有随工验收和竣工验收的项目内容与检验方法等均应按照《综合布线系统工程验收规范》的规定办理。

由于智能化小区的综合布线系统既有屋内的建筑物主干布线系统和水平布线子系统，又有屋外的建筑群主干布线子系统。因此，对于综合布线系统工程的工程验收，除应符合《综合布线系统工程验收规范》外，还应符合国家现行的《通信线路工程验收规范》（YD 5121—2010）、《电信网光纤数字传输系统工程施工及验收暂行技术规定》（YDJ 44—1989）、《市内通信全塑电缆线路工程施工及验收技术规范》（YD 2001—1992）等有关的规定。各生产厂商提供的施工操作手册或测试标准均不得与国家标准或通信行业标准相抵触。在竣工验收时，应按我国现行标准贯彻执行。

5.4.2 验收方式和组织

1. 验收方式

综合布线工程采取三级验收的方式。自检自验：就是由施工单位进行自检、自验，发现问题及时改正。现场验收：由施工单位和建设单位联合验收，作为工程结算的根据。鉴定验收：上述两项验收后，乙方提出正式报告作为正式竣工报告共同上报上级主管部门或委托专业验收机构进行鉴定。

2. 验收组织

工程竣工后，施工单位应在工程计划验收十日前，通知验收机构，同时送交一套完整的竣工报告，并将竣工技术资料一式三份交给建设单位。竣工资料包括：工程说明、安装工程量、设备器材明细表、工程测试记录、竣工图纸、隐蔽工程记录等。验收前的准备工作包括编制竣工验收工作计划书、技术档案的整理汇总、拟定验收范围、编制竣工验收程序等。

有时在联合的正式验收之前还进行一次初步的调试验收。初步调试验收包括技术资料的审核、工程实物验收、系统测试和调试情况的审定。要事先制订出一个详尽的调试验收方案，该方案包括问题与要求、组织分工、主要方法及主要的检测手段等，然后对各施工基本班组以及参与现场管理的全体技术人员做出技术交底。

正式的竣工验收，由业主、施工单位及有关部门联合参加，其验收结论具有合法性。正式验收的内容包括总体检验、质量评定、专项检验、各子系统提供的竣工图文档和施工质量技术资料等。

正式的联合验收之前应成立综合布线工程验收的组织机构，如专业验收小组，全面负责对综合布线工程的验收工作。专业验收小组由施工单位、用户和其他外聘单位联合组成，人数为 5～9 人，一般由专业技术人员组成，持证上岗，由有上岗证书者参与综合布线验收工作。

验收工作主要分两个部分进行，一是物理验收，二是文档验收。综合布线系统工程采用计算机进行管理，维护工作应按专项进行验收。验收不合格的项目，由验收机构查明原因，提出解决办法，进行及时的修正。

5.4.3 验收内容和检查项目

1. 工作环境

工作区、电信间、设备间的检查应包括下列内容。

①工作区、电信间、设备间土建工程已全部竣工。房屋地面平整、光洁，门的高度和宽度应符合设计要求。

②房屋预埋线槽、暗管、孔洞和竖井等的位置、数量、尺寸均应符合设计要求。

③敷设活动地板的场所，活动地板防静电措施及接地应符合设计要求。

④电信间、设备间应提供电压为 220 V 带保护接地的单相电源插座。

⑤电信间、设备间应提供可靠的接地装置，接地电阻值及接地装置的设置应符合设计要求。

⑥电信间和设备间的位置、面积、高度、通风、防火及环境温度、湿度等应符合设计要求。

⑦如果电信间安装有源设备（集线器、局域网交换机等），设备间安装计算机主机、电话交换机、传输等设备，建筑物的环境条件应按系统设备的安装工艺设计要求进行检查。电信间、设备间安装设备所需要的交流供电系统和接地装置及预埋的暗管线槽应由工艺设计提出要求，在土建工程中实施，设备的直流供电系统及 UPS 供电系统应另立项目实施并按各系统要求进行工艺设计。设备供电系统均按工艺设计要求进行验收。

2. 建筑物进线间及入口设施

①引入管道与其他设施（如电气、水、煤气、下水道等设施）的位置间距应符合设计要求。

②引入缆线采用的敷设方法应符合设计要求。

③管线入口部位的处理应符合设计要求，并应检查采取防止气、水、虫等进入的措施。

④进线间的位置、面积、高度、照明、电源、接地、防火、防水等应符合设计要求。进线间的设置、引入管道和孔洞的封堵，引入缆线的排列布放等应按照现行行业标准《通信管道工程施工及验收技术规范》（YD 5103—2003）等相关国家标准和行业规范进行检查。

3. 配套型材、管材与铁件

①室内管材采用金属管或塑料管时，其管身应光滑、无伤痕，管孔无变形，孔径壁厚应符合设计要求。金属管材应根据工程环境要求做镀锌或其他防腐处理。塑料管材必须采用阻燃管材，外壁应具有阻燃标记。

②各种型材的材质、规格、型号应符合设计文件的规定，表面应光滑平整，不得变形、断裂。预埋金属线槽、过线盒、线盒及桥架等表面涂覆或镀层应均匀、完整，不得变形、损坏。

③铁件的表面处理和镀层应均匀、完整，表面光洁，无脱落、气泡等缺陷。

④各种铁件的材质、规格均应符合相应质量标准，不得有歪斜、扭曲、飞刺、断裂或破损。

⑤室外管道应按通信管道工程验收的相关规定进行检验。

4. 缆线

工程使用的电缆和光缆型号、规格及缆线的防火等级应符合设计要求。缆线识别标记包括缆线标志和标签。缆线所附标志、标签内容应齐全、清晰，外包装应注明型号和规格。缆线标志：在缆线的护套上以不大于 1 m 的间隔印有生产厂厂名或代号、缆线型号及生产日期，以 1 m 的间距印有以米为单位的长度标志。缆线标签：应在每根成品缆线所附的标签或在产品的包装外给出制造厂名及商标、电缆型号、电缆长度（m）、毛重（kg）、出厂编号、制造日期等信息。

电缆应附有本批量的电气性能检验报告，施工前应进行链路或信道的电气性能及缆线长度的抽验，并做测试记录。缆线电气性能抽验可使用现场电缆测试仪对电缆长度衰减、近端串扰等技术指标进行测试。应从本批量对绞电缆中的任意三盘中各截出 90 m，工程中所选用的连接器件按水久链路测试模型进行抽样测试。如按照信道连接模型进行抽样测试，则电缆和跳线总长度为 100 m。另外，从本批量电缆配盘中任意抽取三盘进行电缆长度的核准。

光缆开盘后应先检查光缆端头封装是否良好。光缆外包装或光缆护套如有损伤，应对该盘光缆进行光纤性能指标测试，如有断纤，应进行处理，待检查合格才允许使用。光纤检测完毕，光缆端头应密封固定，恢复外包装。作为抽测，光纤链路通常可以使用可视故障定位仪进行连通性的测试，一般可达 3 ～ 5 km。故障定位仪也可与光时域反射仪配合检查故障点。光缆外包装受损时也可用相应的光缆测试仪对每根光缆按光纤链路进行衰减和长度测试。

光纤接插软线或光跳线检验应符合下列规定。两端的光纤连接器件端面应装配合适的保护盖帽。光纤类型应符合设计要求并应有明显的标记。

5. 连接器件

①信号线路浪涌保护器各项指标应符合有关规定。

②配线模块、信息插座模块及其他连接器件的部件应完整，电气和机械性能等指标应符合相应产品生产的质量标准。塑料材质应具有阻燃性能，并应满足设计要求。

③光纤连接器件及适配器使用型号和数量、位置应与设计相符。

6. 配线设备

①光、电缆配线设备的型号、规格应符合设计要求。

②光、电缆配线设备的编排及标志名称应与设计相符。各类标志名称应统一，标志位置正确、清晰。

7. 测试仪表和工具

应事先对工程中需要使用的仪表和工具进行测试或检查，缆线测试仪表应附有相应检测机构的证明文件，包括国际或国内检测机构的认证书、产品合格证及计量证书等。

综合布线系统的测试仪表应能测试相应类别工程的各种电气性能及传输特性，其精度符合相应要求。测试仪表的精度应按相应的鉴定规程和校准方法进行定期检查与校准，经过相应计量部门校验取得合格证后，方可在有效期内使用。测试仪表应能测试 3 类、5 类（包含 5e 类）、6 类、7 类及光纤布线工程的各种电气性能与光纤传输性能。

施工工具，如电缆或光缆的接续工具，剥线器、光缆切断器、光纤熔接机、光纤磨光机、卡接工具等必须进行检查，合格后方可在工程中使用。

对绞电缆电气性能、机械特性、光缆传输性能及连接器件的具体技术指标和要求，应符合设计要求。经过测试与检查，性能指标不符合设计要求的设备和材料不得在工程中使用。

现场尚无检测手段取得屏蔽布线系统所需的相关技术参数时，可将认证检测机构或生产厂家附有的技术报告作为检查依据。由于屏蔽布线系统的屏蔽效果与系统投入运行后的各系统设备配置、建筑物内外电磁干扰环境变化等因素密切相关，并且现场测试仪仅能对屏蔽电缆屏蔽层两端进行导通测试，目前尚无有效的现场检测手段对屏蔽效果的其他技术参数进行测试，因此，应根据相关标准或生产厂家提供的技术参数进行对比验收。

5.4.4 设备安装检验

1. 机柜和机架安装

机柜、机架安装应符合下列要求。机柜、机架安装位置应符合设计要求，垂直偏差不应大于 3 mm。机柜、机架上的各种零件不得脱落或损坏，漆面不应有脱落及划痕，各种标志应完整、清晰。机柜、机架、配线设备箱体、电缆桥架及线槽等设备的安装应牢固，如有抗震要求，应按抗震设计进行加固。

2. 配线部件安装

各类配线部件安装应符合下列要求。各部件应完整，安装就位，标志齐全。安装螺钉时必须拧紧，面板应保持在一个平面上。

3. 信息插座模块安装

①信息插座模块、多用户信息插座、集合点配线模块安装位置和高度应符合设计要求。

②安装在活动地板内或地面上时，应固定在接线盒内，插座面板采用直立和水平等形式；接线盒盖可开启，并应具有防水、防尘、抗压功能，接线盒盖面应与地面齐平。

③信息插座底盒同时安装信息插座模块和电源插座时，间距的防护措施应符合设计要求。

④信息插座模块明装底盒的固定方法根据施工现场条件而定。

⑤固定螺钉时须拧紧，不应产生松动现象。

⑥各种插座面板应有标识，以不同颜色、图形、文字表示所接不同终端设备业务类型。

⑦工作区内终接光缆的光纤连接器件及适配器安装底盒应具有足够的空间，并应符合设计要求。

4. 电缆桥架与线槽安装

①桥架及线槽水平度每米偏差不应超过 2 mm。

②金属桥架、线槽及金属管各段之间应保持连接良好，安装牢固。

③垂直桥架及线槽应与地面保持垂直，垂直偏差不应超过 3 mm。

④线槽截断处及两线槽拼接处应平滑、无毛刺。

⑤吊架和支架安装应保持垂直，整齐牢固，无歪斜现象。

⑥桥架及线槽的安装位置应符合施工图要求，左右偏差不应超过 50 mm。

⑦采用吊顶支撑柱布放缆线时，支撑点宜避开地面沟槽和线槽位置，支撑应牢固，安装机柜、机架、配线设备屏蔽层及金属管、线槽、桥架使用的接地体应符合设计要求，就近接地，并应保持良好的电气连接。

5.4.5 管理系统验收

①管理系统级别的选择应符合设计要求。

②需要管理的每个组成部分均设置标签，并由唯一的标识符进行表示，标识符与标签的设置应符合设计要求。

③管理系统的记录文档应详细完整并汉化，包括每个标识符相关信息、记录、报告、图纸等。

④不同级别的管理系统可采用通用电子表格、专用管理软件或电子配线设备等进行维护管理。

1. 标识符与标签

①标识符应包括安装场地、缆线终端位置、缆线管道、水平链路、主干缆线、连接器件、接地等类型的专用标识，系统中每一组件应指定一个唯一标识符。

②根据设置的部位不同，可使用粘贴型、插入型或其他类型标签。标签表示内容应清晰，材质应符合工程应用环境要求，具有耐磨、抗恶劣环境，附着力强等性能。

③每根缆线应指定专用标识符，标在缆线的护套上或在距每一端护套300 mm 内设置标签，缆线的终接点应设置标签标记指定的专用标识符。

④接地体和接地导线应指定专用标识符，标签应设置在靠近导线和接地体

的连接处的明显部位。

⑤终接色标应符合缆线的布放要求，缆线两端终接点的色标颜色应一致。

2. 记录和报告

记录应包括管道缆线、连接器件及连接位置、接地等内容，各部分记录中应包括相应的标识符、类型、状态、位置等信息。

文件和相关资料应做到内容齐全、资料真实可靠、数据准确无误、文字表达条理清楚、文件外观整洁、图表内容清晰，不应有互相矛盾、彼此脱节和错误遗漏等现象。

5.4.6 工程验收

1. 现场验收的流程

（1）工作区子系统验收

线槽走向、布线是否美观大方、符合规范；信息插座是否按照规范进行安装；信息插座是否做到一样高、平、牢固；信息面板是否固定牢靠；标志是否齐全。

（2）水平子系统验收

槽安装是否符合规范：槽与槽、槽与槽盒之间接合是否良好；托架、吊杆是否安装牢靠；水平干线与垂直干线、工作区交界处是否出现裸线，有没有按照规范去做；水平干线槽内的线缆有没有固定；接地是否正确。

（3）垂直子系统验收

垂直子系统的验收除了类似于水平子系统的验收内容外，还要检查楼层与楼层之间的洞口是否封闭，以防止火灾出现时，成为一个隐患点。线缆是否按照间隔要求固定，拐弯线缆是否留有弧度。

（4）管理间、设备间子系统验收

检查机柜安装的位置是否正确；规定、型号、外观是否符合要求；跳线制作是否规范；配线面板的接线是否美观整洁。

（5）线缆布放检测

线缆规格、路由是否正确；对线缆的标号是否正确：线缆拐弯处是否符合规范：竖井的线槽、线固定是否牢靠；是否存在裸线；竖井层与楼层之间是否采取了防火措施。

（6）架空布线检测

架设竖杆位置是否正确；吊线规格、垂度、高度是否符合要求；卡挂钩的间隔是否符合要求；使用管孔，管孔位置是否合适；线缆规格、线缆走向路由、防护设施是否标准。

2. 技术文档验收

①福禄克的非屏蔽双绞线认证测试报告（电子文档即可）。

②网络拓扑图。

③综合布线逻辑图。

④信息点分布图。

⑤机柜布局图。

⑥配线架上信息点分布图。

3. 合格判定

综合布线系统工程应按照《综合布线系统验收规范》所列项目、内容进行检验。检测结论作为工程竣工资料的组成部分及工程验收的依据之一。

如果只有系统工程安装质量检查，各项指标符合设计要求，则被检项目检查结果为合格；被检项目的合格率为 100%，则工程安装质量判为合格。

系统性能检测中，对绞电缆布线链路、光纤信道应全部检测，竣工验收需要抽验时，抽样比例不低于 10%，抽样点应包括最远布线点。

（1）系统性能检测单项合格判定

①如果一个被测项目的技术参数测试结果不合格，则该项目判为不合格。如果某一被测项目的检测结果与相应规定的差值在仪表准确度范围内，则该被测项目应判为合格。

②按《综合布线系统验收规范》的指标要求，采用 4 对对绞电缆作为水平电缆或主干电缆，所组成的链路或信道有一项指标测试结果不合格，则该水平链路、信道或主干链路判为不合格。

③主干布线大对数电缆中按 4 对对绞线对测试，指标有一项不合格，则判为不合格。

④如果光纤信道测试结果不满足《综合布线系统验收规范》的指标要求，则该光纤信道判为不合格。

⑤未通过检测的链路、信道的电缆线对或光纤信道可在修复后复检。

（2）竣工检测综合合格判定

①对绞电缆布线全部检测时，无法修复的链路、信道或不合格线对数量有一项超过被测总数的 1%，则判为不合格。光缆布线检测时，如果系统中有一条光纤信道无法修复，则判为不合格。

②对绞电缆布线抽样检测时，被抽样检测点（线对）不合格比例不大于被测总数的 1%，则视为抽样检测通过，不合格点（线对）应予以修复并复检。

③全部检测或抽样检测的结论为合格，则竣工检测的最后结论为合格；全部检测的结论为不合格，则竣工检测的最后结论为不合格。综合布线管理系统检测，标签和标识符按 10% 抽检，系统软件功能全部检测，检测结果符合设计要求，则判为合格。

第6章　网络综合布线系统设计案例

随着互联网在世界范围内的普及，网络布线系统的兼容性、开放性、可靠性、可安装性、前瞻性和较好的经济性等功能，已成为网络布线必须认真考虑的因素，结构化综合布线系统也随之应运而生。综合布线系统是一种模块化、灵活性极高的建筑物内或建筑群之间的信息传输通道。它既能使语音、数据、图像设备和交换设备与其他信息管理系统彼此相连，也能使这些设备与外部相连接。本章针对小区综合布线系统设计方案以及智能居家布线设计方案进行了相关介绍。

6.1　小区综合布线系统设计方案

6.1.1 小区综合布线系统需求分析

1. 项目概述

某智能化住宅小区建筑占地面积 500 亩，是一个超大坡地型现代化人文社区。该小区可容纳 4800 户人家入住，有 8 万 m^2 的商业街区，以及七大主题园林，五大休闲广场。本工程项目主要负责该小区的鹭港综合布线工程。鹭港包括 14 栋、15 栋、16 栋、21 栋、22 栋共五幢建筑物。

2. 小区建筑布局说明

鹭港小区共包括 14 栋、15 栋、16 栋、21 栋、22 栋，共 5 幢建筑。21 栋、22 栋为一梯两户，楼层高度为 3.6 m。14 栋、15 栋、16 栋为一梯 4 户，楼层高度为 3.6 m，各幢建筑物的楼层均为 6 层。小区中心机房已布设暗埋管道至各幢建筑。具体的小区建筑布局如图 6-1 所示。

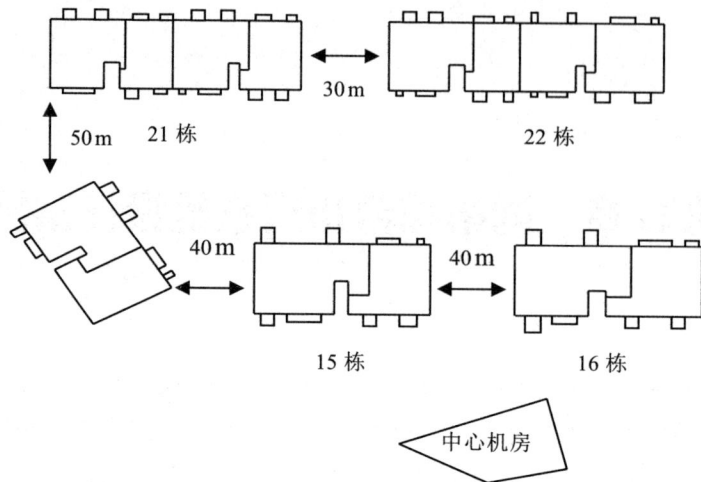

图 6-1　小区建筑布局图

3. 小区综合布线系统的种类及功能

根据该小区用户的需求，小区的综合布线系统应包括计算机网络系统、电话语音系统、有线电视系统、视频监控系统四类系统。本项工程方案设计将围绕这四类系统进行详细设计。

小区每个住户内均需要安装计算机网络信息点、电话语音信息点、有线电视信息点。为了确保小区住户的安全，在每幢楼的四角各安装一个全方位的视频监控点，并能通过控制中心进行视频监控管理。各楼宇信息点数量如表 6-1 所示。

表 6-1　各楼宇信息点数量

单位：个

楼栋号	计算机网络信息点数量	电话语音信息点数量	有线电视信息点数量
14栋	144	96	96
15栋	132	96	96
16栋	72	48	48
21栋	108	72	72
22栋	120	96	96
总计	576	408	408

4. 小区计算机网络拓扑结构图

鹭港小区采用星形网络拓扑结构，各楼宇交换机通过千兆光纤链路与中心交换机连接，各楼宇住户通过百兆以太网接入小区局域网络。小区的计算机网络拓扑结构如图 6-2 所示。

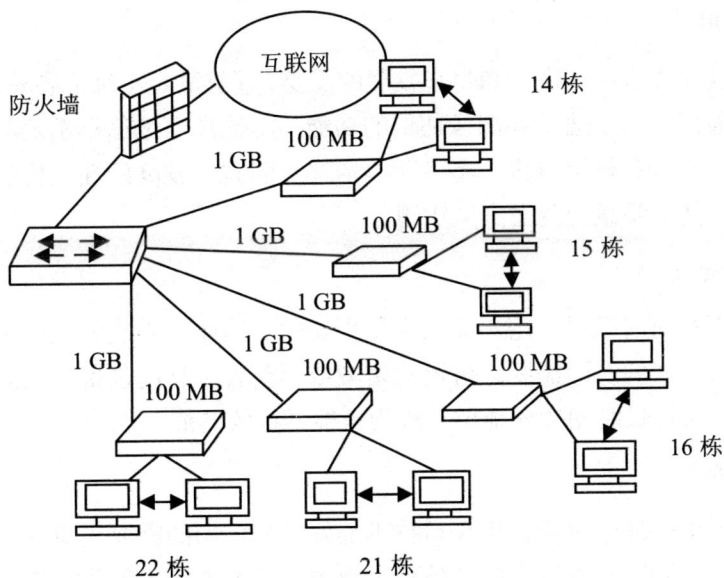

图 6-2　小区计算机网络拓扑结构

6.1.2 小区综合布线设计标准与依据

本工程项目的设计和施工主要遵循以下标准。

①《商业建筑电信布线标准》（TIA/EIA 568）。

②《商业建筑电信布线安装标准》（TIA/EIA 569）。

③《商业建筑通信基础结构管理规范》（TIA/EIA 606）。

④《商业建筑通信接地要求》（TIA/EIA 607）。

⑤《用户楼宇通用布线标准》（ISO/IEC 11801）。

⑥《市内电话线路工程施工及验收技术规范（试行）》（YDJ 38—1985）。

⑦《有线电视广播系统技术规范》（GY/T 106—1999）。

设计依据为《鹭港小区建筑平面图》和《鹭港小区户型结构图》。

6.1.3 小区综合布线设计原则

根据对鹭港小区综合布线工程概况和需求的研究分析，我们在系统设计中确立以下设计原则。

1. 标准化

布线方案设计和布线产品必须符合国标和国家标准。

2. 实用性

实用性即适应小区现在和将来发展的需要，能够满足小区的各种应用要求，具备数据通信、语音通信和图像通信的功能。不能片面地追求系统的超前性，追求超前势必造成投资过大、不实际等情况。因此，较高的性价比是应遵循的第一原则，就是要做到既实惠又实用。

3. 灵活性

技术不断向前发展，用户需求也发生变化，因此，系统的设计与实施应考虑到将来可扩展的实际需要，可灵活增减或更新各个新的设备，以满足不同时期的需求，保持长时间领先地位，成为监控系统的典范。

4. 扩展性

监控系统设计中应考虑到今后技术的发展和使用的需要，应具有更新、扩充和升级的可能。并根据今后该项目工程的实际要求扩展系统功能，可以在将来需要时很容易地将所扩充设备连接到系统中来，实现各种网络服务与应用。

5. 模块化

综合布线采用模块化设计，布线系统中除固定于建筑物内的水平线缆外，其余所有的接插件都是积木标准件，易于扩充及重新配置，因此当用户因发展而需要增加配线时，不会因此而影响整体布线系统，可以保证用户先前在布线方面的投资。综合布线为所有语音、数据和图像设备提供了一套实用的、灵活的、可扩展的、模块化的介质通路。

6. 兼容性

对不同厂家的语音、数据设备均可兼容，且使用相同的电缆与配线架、相同的插头和模块插孔。因此，无论布线系统多么复杂、庞大，不再需要与不同厂商进行协调，也不再需要为不同的设备准备不同的配线零件，以及复杂的显露标志与管理线路。

7. 安全性

系统中的所有设备及配件在性能安全可靠运转的同时，还应符合国家或国际有关的安全指标，并可在非理想环境下能有效地工作。

6.1.4 小区布线总体设计方案

1. 工作区子系统

小区各楼宇的户型结构有相似之处，根据用户的需求，每户的所有卧室内均安装一个计算机网络信息点，大厅内安装一个电话语音点和一个有线电视点，另外主卧室还要安装一个电话语音点和一个有线电视点。因此三房两厅的户型将安装三个计算机网络信息插座、两个电话语音插座、两个有线电视插座，两房一厅房型将安装两个计算机网络信息插座、两个电话语音插座、两个有线电视插座。

为了不影响室内装修效果，所有信息点插座均暗埋在墙内，并距地面30 cm 以上的位置。计算机网络信息插座将安装一个超五类模块，并配一个 86型的带防尘盖的单口面板。电话语音插座将安装一个 RJ11 电话模块，并配一个 86 型的带防尘盖的单口面板。有线电视插座将采用有线电视 CATV 插座。所有安装的插座应贴上明显的功能标志，以方便用户识别使用。为了便于用户接入各种信息插座，应为用户配备与插座数量相当的 RJ45-RJ45 跳线 RJ1l-RJ1l跳线。有线电视插线一般由用户自配。

2. 水平子系统

根据小区住户内安装的系统类型，分别选择相应的传输线缆。计算机网络系统将选用超五类非屏蔽双绞线电缆，以实现 100 MB 以太网接入的要求。电话语音系统将选用超五类非屏蔽双绞线电缆，为以后的数据和语音信息点互换做好准备。有线电视点将布设 75Ω 视频同轴电缆，由于住户内有两个有线电视点，因此应安装一个"二分"分支器，分支器输入端与室外视频同轴电缆连接。

为了不影响室内的美观，室内的所有线缆均采用暗埋方式进行布设。在建筑施工时，各住户已将 PVC 管暗埋到墙内，并与暗埋在墙内的插座底盒相连接。数据和语音系统的非屏蔽双绞线电缆将混合一起进行敷设，有线电视同轴电缆单独敷设。

3. 垂直子系统

它是提供干线电缆的路由，主要由光缆或铜缆组成，并提供楼层之间及外界通信的通道。以我们现在的小区布线作为参照，由于小区内每幢楼宇的楼层数都为 6 层，楼内用户信息点不算密集，因此从造价及维护管理角度考虑将不设置楼层配线间，因此楼内各住户的线缆将直接从住房内引出，然后沿着已埋设好的垂直管道布设到一楼的设备间，不再配备专门的主干电缆。

各住户的非屏蔽双绞线电缆将直接布设至一楼设备间，有线电视同轴电缆从房内分支器引出后，与楼道内的分配器相连，并通过一根视频同轴电缆布设至一楼设备间。为了满足楼内主干电缆的布设，楼道内的垂直管道将预埋一根100 mm 的 PC 管道。

4. 设备间子系统

由于小区内每幢楼宇内的信息点不算密集，因此楼层不设配线间，统一在一楼楼梯间设置设备间。小区的中心机房将作为整个小区的设备间，对小区的计算机网络、电话语音、有线电视系统、视频监控系统进行集中管理。

（1）楼宇的设备间

各楼宇的设备间内主要安装必备的线路管理器件及设备，以管理楼内的各系统的线路并提供接入服务。

设备间内将安装一个落地 9U 机柜，机柜内安装两台 100 MB 以太网交换机、两个 IBDN24 口的模块化数据配线架、两个 IBDN 理线架、一个光纤接线盒。楼内各住户的计算机网络信息点引出的非屏蔽双绞线电缆将端接于数据配线架上，并通过 RJ45-RJ45 跳线连接于以太网交换机端口。理线架起到线缆的整理和固定作用。光纤接线盒用于连接从小区设备间布设过来的光缆，并转接为光纤跳线以连接以太网交换机的光纤模块。

设备间的墙面上将安装一个 50 线对的配线架，配线架上安装两条 1A4 的BIX 条。楼内所有住户电话语音信息点引出的非屏蔽双绞线电缆将端接于配线架的 BIX 条上。从小区设备间引至楼内设备间的三类大对数电缆将端接于配线架的 BIX 条上，以实现电话系统的连接。

设备间内还将安装一台有线电视的光接收器和放大器，小区设备间布设的有线电视光缆通过光接收器转为电信号，然后经放大器输送到各楼层的分配器，最终将有线电视信号送至各住户的电视机。

（2）小区设备间

为了对小区的计算机网络、电话语音、有线电视系统、视频监控系统进行集中管理，小区设备间应安装相应的线路管理器件及设备，以为各系统提供服务。

小区设备间内将安装一个落地 40 U 机柜，机柜内将安装小区中心交换机、IBDN24 口光纤配线架、IBDN 理线架。各楼宇布设的光缆经光纤配线架端接后，由光纤跳线连接至中心交换机，从而将小区各楼宇的局域网互连为小区宽带网络。

小区设备间还须另安装一个落地 40 U 机柜，机柜内将安装 IBDNBIX 配线架，各楼宇布设的三类大对数电缆将引至机柜内，然后端于配线架的 BIX 条。在机柜内安装电话程控交换机，该交换机与电信中继线路连接，配线架上 BIX 条通过跳线连接于电话程控交换机，从而实现小区电话系统的接入管理。小区设备间内安装了有线电视的放大器，放大器与室内有线电视网络连接。有线电视信号将通过光发射器传输到各楼宇的设备间内。

为了确保小区设备间内设备正常运行，设备间内必须铺设防静电地板，地板、设备外壳和机柜均进行接地处理。设备间内还安装了两台 5 匹的柜式空调，以控制设备间的温度和湿度。设备间内还应安装必备的消防设施，以达到设备防火要求。

5. 建筑群子系统

实现建筑物之间的相互连接，常用的通信介质是光缆和大对数铜缆。如同星形拓扑结构方式中的每一支连线，每一子系统为一独立的单元组，更改任意子系统时，也不会影响其他子系统。在垂直子系统中，我们可使用双绞线或更大带宽的光缆。而在综合布线系统上，其他子系统并不因为垂直干线的变动而有所变动，即相同的水平干线，管理区上相同的跳线、相同的插座、相同的接线。

小区网络建筑群子系统选择两根多模光缆作为传输介质，并通过核心交换机连接至各建筑物汇聚交换机，从而实现小区网络的互联。图 6-3 所示为鹭港小区各楼宇到小区中心机房暗埋管道的距离。

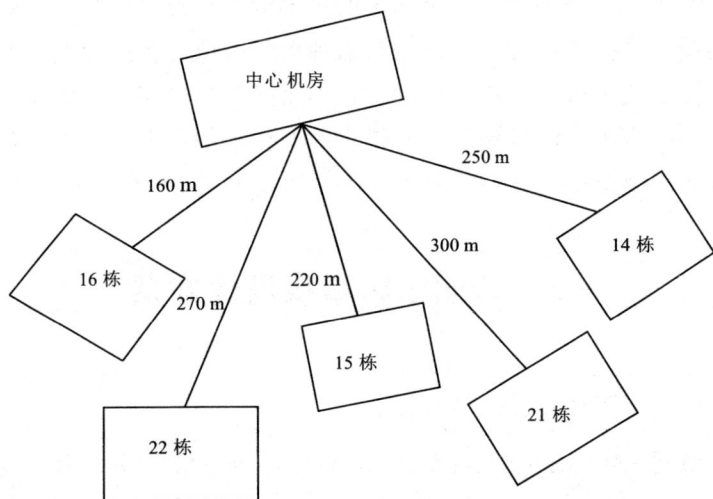

图 6-3　鹭港小区各楼宇到小区中心机房暗埋管道的距离

6. 闭路视频监控系统

在安防系统中，闭路视频监控系统是安全技术防范体系中的一个重要组成部分，也是最为强大的一个子系统，是一种先进的、防范能力极强的综合系统。闭路视频监控系统一般分为前端摄像、显示、传输、控制及存储等 5 个部分。

监控系统作为安全防范系统的主体，起着极为重要的作用，它通过安装在智能小区内各位置的摄像机对重要路口、主要地段实施现场、实时监控，使安全保卫部门能以最简便有效的方式掌握整个辖区范围内人员、车辆进出的即时情况，确保在发生紧急情况时能马上控制局面。作为管理部门控制的闭路视频监控系统，一方面应尽可能满足各种场所的不同要求，另一方面也应避免妨碍工作人员的工作或侵犯住户的隐私，因此，整个闭路视频监控系统的设计重点在于对公共场所的监控。

根据用户需求可知，该小区需要在 5 幢楼宇的四角安装全方位的视频监控点，因此共计需要安装 20 个视频监控点。

为了实现全方位的视频监控，除了配备 20 台黑白摄像机外，还应配备 20 个可电动变焦镜头、20 个云台。每个摄像机将布设一根视频同轴电缆和一根 2 芯控制电缆至小区中心机房，对于距离较远的楼宇应再配备一台中继放大器，以便延长电缆连接。

小区中心机房作为小区视频监控中心。监控中心内将安装一个控制台、一台视频矩阵切换主机、一个控制键盘、两台 12 画面的分割器、一台监视器、一台时滞录像机。各楼宇的监控点布设的同轴电缆和控制电缆应与控制台上的设备正确连接。监控人员可以通过一台监视器就可以监控所有监控点的图像，并通过键盘控制摄像机的变焦和移动，鹭港小区的综合布线系统结构采用星形拓扑结构，中心点为小区设备间。各楼宇内的住宅信息点，经楼内设备间设备转接后，最终连接至小区设备间的主设备，从而实现系统的集中控制和管理。

6.2　智能家居布线设计方案

6.2.1 智能家居布线规划与组建

无线局域网（Wireless Local Area Networks，WLAN）是一种能支持较高数据速率（2 ～ 11 Mbit/s），采用微蜂窝、微微蜂窝结构，自主管理的计算机局部网络。它可采用无线电或红外线作为传输媒质，移动的终端可通过无线接入点来实现对互联网的访问。

无线局域网是相当便利的数据传输系统，它利用射频（Radio Frequency，RF）技术，是使用电磁波、激光、红外线等无线媒介取代有线局域网中的部分或全部传输媒介而构成的网络。

无线局域网技术应用范围十分广泛，包括从允许用户建立全球语音和数据远距离无线连接，到建立红外线和无线电频率技术的近距离无线连接。与有线局域网相比较，无线局域网更灵活更方便、适应性更强、操作也更简单，让人能够真正体会到网络无处不在的奇妙。

1. 无线局域网典型连接方案

根据无线局域网的特点及用户需求，无线局域网连接主要有对等无线局域网、独立无线局域网、无线局域网接入以太网、无线漫游和局域网连接等方案。

（1）对等无线局域网方案

对等无线局域网方案只使用无线网卡，不需要无线接入器即可连接。对等工作组是一组无线客户机工作站设备，所有无线连接的计算机都能对等地相互通信，无须基站或网络基础架构干预。由于无线局域网无须使用集线设备，因此，每台计算机仅需一个无线网卡，简单、成本低。构建最简单的无线局域网，其中一台计算机可以兼作文件服务器、打印服务器和代理服务器，并通过调制解调器接入互联网。这样，只需使用诸如 Windows 7/8/10 等操作系统，即可在服务器的覆盖范围内互联网不用使用任何电缆，在计算机之间共享资源和实施互联网连接。

（2）独立无线局域网方案

无线局域网系统包括无线接入点和无线网卡，是指无线局域网内的计算机之间对等无线局域网构成一个独立的网络，无法实现与其他无线局域网和以太网络的连接。独立无线局域网方案与对等无线局域网非常相似，所有的计算机中都安装有一块网卡。所不同的是，独立无线局域网方案中加入了一个无线接入点。无线接入点类似以太网中的集线器，可以对网络信号进行放大处理，一个工作站到另一个工作站的信号都可以经由该无线接入点放大并进行中继。因此，拥有无线接入点的独立无线局域网的网络直径将是无线局域网有效传输距离的 2 倍，在室内通常为 60 m 左右。

注意：该方案仍然属于共享式接入，也就是说，虽然传输距离比对等无线局域网增加一倍，但所有计算机之间的通信仍然共享无线局域网带宽。由于带宽有限，因此，该无线局域网方案仍然只能适用于小型网络。

（3）无线局域网接入以太网

当无线局域网用户足够多时，应当在有线网络中接入一个无线接入点，从而将无线局域网连接至有线网络主干。无线接入点在无线工作站和有线主干之间起网桥的作用，实现了无线与有线的无缝集成，既允许无线工作站访问网络资源，同时又为有线网络增加了可用资源，无线局域网接入以太网方案适用于将大量的移动用户连接至有线网络，从而以低廉的价格实现网络直径的迅速扩展，或为移动用户提供更灵活的接入方式，也适合在原有局域网上增加相应的无线局域网设备。

（4）无线漫游方案

要扩大总的无线覆盖区域，可以建立包含多个基站设备的无线局域网。要建立多单元网络，基站设备必须通过有线基站连接。

基站设备可以在网络范围内各个位置之间漫游的移动式客户机工作站服务。多基站配置中的无线漫游工作站具有以下功能：在需要时自动在基站设备之间切换，从而保持与网络的无线连接，只要在网络中基站设备的无线范围内，就可以与基础架构进行通信。

若要增大无线局域网的带宽，可以将基站设备配置为使用其他子频道（受当地的无线电规定约束）。多基站网络中的任何无线客户机工作站漫游都将根据需要自动更改使用的无线电频率，在网络跨度很大的大型企业中，某些员工可能需要完全的移动能力，此时，可以在网络中设置多个无线接入点，使装备有无线网卡的移动终端实现如手机般的漫游功能。使用无线漫游方案，移动办公的员工可以自由地在公司设施内（可以是建筑群）活动，并完全能够稳定地保持与网络的连接，随时访问他们需要的网络资源。

当员工在设施内移动时，虽然在移动设备和网络资源之间传输的数据的路径是变化的，但他却感觉不到这一点，这就是所谓的无缝漫游，在移动的同时保持连接。原因很简单，无线接入点除了具有网桥功能外，还具有传递功能。这种传递功能可以将移动的工作站从一个无线接入点"传递"到下一个无线接入点，以保证在移动工作站和有线主干之间总能保持稳定的连接，从而实现漫游功能。需要注意的是，实现漫游所使用的无线接入点是通过有线网络连接起来的。

（5）局域网连接方案

局域网连接方案包括点对点连接方案、点对多点连接方案、无线接力方案等，下面分别介绍这几种方案。

①点对点连接方案：当两个局域网之间采用光纤或双绞线等有线方式难以连接时，可采用点对点的无线连接方式，即只需在每个网段中都安装一个无线接入点，就可实现两个有线局域网之间通过无线方式的互连和资源共享，达到实现有线网络扩展的目的。这种方式可应用于公司的总部与分部，学校的总校与分校等两个点之间的联网。这种方式实测能达到 10 km（两个点之间没有障碍物）。

②点对多点连接方案：点对多点的无线网桥功能能够将多个分散的有线网络连成一体，结构相对于点对点无线网桥来说较复杂。当三个或三个以上的局域网之间采用光纤或双绞线等有线方式难以连接时，可采用点对多点的无线连接方式。一个无线接入点设置为主结点，其他无线接入点则设置为从结点。如一个公司有两个分部，两个分部的局域网要接入总部的网络中来，这时可以用点对多点模式来实现这三个局域网的连网。

在点对多点连接方式中，主结点必须采用全向天线，从结点则最好采用定向天线。

③无线接力方案：当两个局域网络间的距离已经超过无线局域网产品所允许的最大传输距离时，或者两网络间的距离并不遥远，但在两个网络之间有较高的阻挡物时，可以在两个网络之间或者在阻挡物上架设一个户外无线天线无线接入点，实现传输信号的接力。

2. 无线局域网拓扑结构

无线局域网的拓扑结构可分为两类：无中心拓扑（对等式拓扑）和有中心拓扑。无中心拓扑该结构的工作原理类似于有线对等网的工作方式。它要求网中任意两个站点间均能直接进行信息交换。每个站点既是工作站，也是服务器。有中心拓扑结构则要求一个无线站点充当中心站，所有站点对网络的访问均由中心站控制。对于不同局域网的应用环境与需求，无线局域网可采取网桥连接型、基站接入型、集线器接入型、无中心结构等不同的网络结构来实现互连。无线局域网拓扑结构如图 6-4 所示。

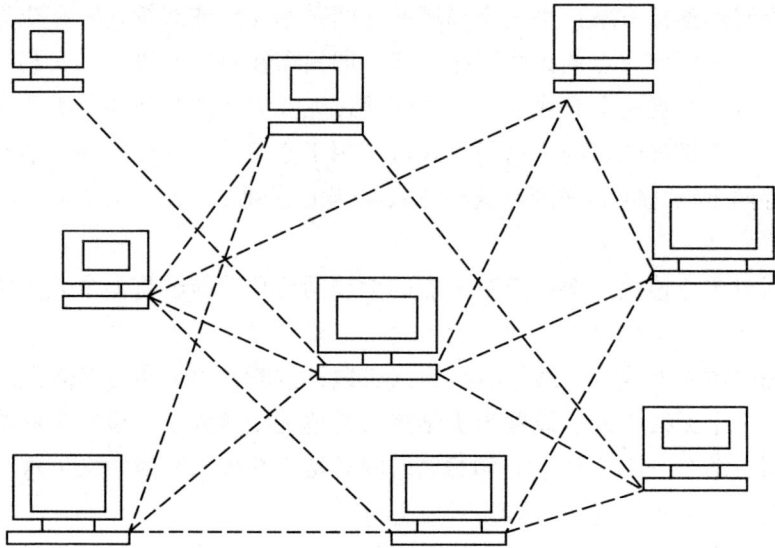

图 6-4　无线局域网拓扑结构

（1）网桥连接型

不同的局域网之间互连时，由于物理上的原因，当两个局域网无法实现有线连接或使用有线连接存在困难时，则可采用无线网桥方式实现两者的点对点连接。无线网桥不仅提供两者之间的物理与数据链路层的连接，还为两个网络的用户提供较高层的路由与协议转换。

（2）基站接入型

这种结构采用移动蜂窝通信网接入方式，各移动站点间的通信是先通过就近的无线接收站（访问节点：无线接入点）将信息接收下来，然后将收到的信息通过有线网传入移动交换中心，再由移动交换中心传送到所有无线接收站上。各移动站不仅可以通过交换中心自行组网，还可以通过广域网与远地站点组建自己的工作网络。

（3）集线器接入型

利用无线集线器可以组建星形结构的无线局域网，具有与有线集线器组网方式类似的优点。在该结构基础上的无线局域网，可采用类似交换型以太网的工作方式，要求集线器具有简单的网内交换功能。

（4）无中心结构

该结构的工作原理类似于有线对等网的工作方式。它要求网中任意两个站点间均能直接进行信息交换。每个站点既是工作站，也是服务器。此结构的无线局域网一般使用公用广播信道，MAC 层采用 CSMA 类型的多址接入协议。

3. 无线局域网组建方案规划

（1）设计目标

①可实现数据业务及语音业务的同时进行，并要确保语音业务的实时性。

②可方便地集中管理，有线和无线网络采用统一的认证和计费系统，无缝互联，实现运营。

③系统具有方便、成熟的扩展性。

④架设无线网不能更改原有网络的规划和配置。

⑤无线系统具有较高的安全性，可以对无线的入侵和威胁做出有效的反应与防护。

⑥采用国际统一标准，以拥有广泛的支持厂商，最大程度地采用统一厂家的产品。

（2）设计原则

①实用性原则：实用性遵循面向应用，注重实效，逐步完善的原则；充分保护已有的投资，不设计成华而不实的网络，也不设计成利用率低下的网络，要以实用性的原则要求为依据，建设具有最低总成本、高性价比的无线局域网。

②技术先进性原则：应采用先进成熟的网络概念、技术、方法与设备，既反映当今的先进水平，又给未来的发展留有余地。规划无线局域网时应尽量采用标准化。还应注意，多倾听第三方专家的意见，对由厂商自己介绍的先进技术加以确认；注意从使用的角度倾听集成公司或其他用户意见；各主流厂商都有其优秀产品，关键看是否符合自己的实际需求，售价比是否合理。

③高能性原则：网络作为企业信息运行的承载平台，众多用户有不同的应用，网络的性能要满足多用户的应用需求。设计时要考虑有足够的骨干带宽、合理的网络拓扑结构、先进适用的技术，同时还要努力实现网络的无阻塞性，而不能使网络成为业务应用的瓶颈。

④安全性原则：解决安全性问题需要制定统一的网络策略和过滤机制，充分使用各种不同的网络技术，如虚拟局域网、代理、防火墙等。从数据安全的角度讲，还应将重要的数据服务器集中放置，构成服务器群，以方便采取措施集中保护，并对重要数据进行备份。

⑤可管理性原则：系统具有良好的网络管理、网络监控、故障分析和处理能力，使系统具有极高的可维护性。

（3）需求分析

无线环境勘察，了解无线网络当前环境是否符合目前和未来的无线应用需求，监测是否存在对无线网络的干扰，能否满足无线网络的部署条件。确定覆盖的范围、确定需要部署无线接入点的个数；了解用户数量，分析用户使用目的；了解现有网络（业务过程、网络体系结构、IP寻址、网络设备、应用、带宽、性能、通信方式、操作、市场证实/调查、费用分析）；绘制当前网络环境的拓扑结构图。

①需求的类型。在需求信息调研之前，为有助于集中收集有关用户和系统需求的最佳信息，应该清楚准备确定的需求的类型。无线网络系统实施中常见的需求类型包括用户情况和用户界面、系统功能与应用、系统信息流、系统移动性、系统性能、系统安全性、系统接口与操作支持、系统应用环境、系统应用部门及规则、项目预算、实施进度表。

②需求的确定。在完成上述收集信息收集后，一般要组织用户单位负责人、各下属部门负责人及各种不同类型用户代表，必要时邀请有关专家共同对所有收集到的需求信息进行分析、归纳和总结，可能还包括对一些潜在的需求的补充。之后由项目小组起草需求分析报告并最后完成需求的确定。确定需求，要执行以下几步：证实需求、规范需求、用文件确定需求。

③对无线局域网的目标可行性分析。没有一个单位会投资大量的资金去建设一个不能保证生产力增长能弥补系统花费的无线网络系统。当项目实施决定时，单位的高级管理人员应该且必须考虑如下一些因素：建设成本、获得经济效益与社会效益、对用户及对现有系统的不利影响等。

项目可行性分析所必须进行的活动包括以下内容：确定项目可行性要素、确定成本、确定收益、风险估计、决定是否继续项目。

设计无线网络的首要问题包括拓扑结构的选择、数据传输速率、接入点安装位置和供电、天线的选择、与有线局域网连接、站点调查、站点调查核对清单、无线接入点密度、频段与信道的选择、无线局域网规划与实际工具。

我们以企业无线局域网的组建方案设计为例，进行简要展开分析。一个合理的组建方案能够使网络在今后的工作中发挥最大的利用价值。因此，用户应该根据企业规划的不同和网络应用的不同，设计其相应的组建方案。下面以设计某一中小型企业无线局域网组建方案为例，通过介绍网络结构规划和硬件设备规划等内容，来讲述设计企业无线局域网组建方案的操作。

①网络结构规划。根据下面某一企业的实际情况和要求，设计该企业无线局域网组建方案。

a. 背景：该企业中有一部分员工有固定的办公场所，使用双绞线将办公室内固定的计算机连接起来，并共享企业内部资源（如打印机等），同时采用

ADSL 宽带路由器来共享互联网连接。但是，另一部分员工是销售人员，每人都配置了笔记本电脑，经常出差，没有固定的办公场所。只有企业集中开会时，销售人员才共享企业内部资源。

b. 要求：在该企业中，既要满足销售人员的移动办公需求，同时又便于用户随时加入或离开企业网络。

按常规网络结构设计，则无法满足该企业的实际情况和要求，结合无线局域网网络结构的特点，采用有中心网络拓扑结构来设计组建方案，能够满足该企业的要求；采用有中心网络拓扑结构来组建局域网，可以将大量的移动用户连接至现有的有线网络，从而为移动用户提供更灵活的接入方式。

②硬件设备规划。根据该企业无线局域网组建方案，组建该企业无线局域网时，需要以下硬件设备。

a. 无线网卡：用于笔记本电脑和无线接入点的连接。

b. 无线接入点：其作用是提供无线和有线网络之间的桥接。任何一台装有无线网卡的计算机均可通过无线接入点去分享有线局域网络甚至广域网络的资源。

c. 集线器：用于将有线网络和无线网络的连接。

d. ADSL 路由器：用于企业无线局域网中互联网的连接共享。

6.2.2 智能家居无线局域网组建方案设计

与传统的家居布线来组建局域网相比，采用无线方式来组建家居无线局域网具有很多优点，如安装便捷、使用灵活、经济节约、易于扩展等。

下面以组建三室二厅二卫无线局域网为例，介绍设计智能家居无线局域网组建方案的方法。

1. 网络结构规划

根据下面家居的实际情况和要求，设计该家居无线局域网组建方案。

背景：该家居有三室二厅二卫，空间比较大。另外，宽带入户线已经放置在信息接入箱中。

要求：在家居中智能手机、平板电脑、笔记本电脑能随时随地接入互联网，并且互联网电视机能连接互联网。

根据以上要求，设计该家居无线局域网组建方案。

2. 硬件设备规划

根据该家居无线局域网组建方案，组建该家居无线局域网时，需要以下硬件设备。

无线网卡：用于笔记本电脑和无线接入点的连接。

无线路由器：是扩展型无线接入点，是宽带路由器与无线接入点的集合体。在小型无线局域网中无线路由器通常用于接入互联网共享。

3. 网络设备的连接

规划好无线局域网后，还需要将无线网卡、无线路由器等网络设备连接起来。

（1）安装无线网卡

根据无线网卡的类型不同，又分为 PCMCIA 无线网卡、PCI 无线网卡和 USB 无线网卡（图 6-5）三种。

图 6-5 USB 无线网卡

【实验 6-1】安装无线网卡。

①从包装盒中取出 USB 无线网卡。

②将 USB 无线网卡插入台式计算机机箱背部的 USB 接口，注意最好是插在机箱背面的 USB 接口上，不要插在机箱前面的接口上。

③将 USB 插入主机的系统后，计算机屏幕右下角会出现"发现新硬件"提示，弹出驱动安装界面，一般不推荐自动安装，要选择"从列表或指定位置安装（高级）"这个选项。

④下一步，如果驱动是在光盘上，便可以选择"搜索可移动媒体"一项，如果已经复制在本地硬盘，则需选择"在搜索中包括这个位置"一项。

⑤通过"浏览"按钮来选定路径。

⑥此时的系统会自动安装驱动。

⑦安装完毕，单击"完成"按钮结束安装。

⑧双击屏幕右下角的无线网络的图标，弹出无线网络连接。

（此处要注意，如果系统中的服务：Wireless Zero Configuration 被禁用或者关闭，那么无线网络连接是不可用的，此时需要通过控制面板→管理工具→

服务找到该服务，然后开启并设置为自动启动）

⑨在选择无线网络的列表内，有可能会出现一些无线信号，这些无线信号一般都是通过与宽带连接的无线路由器发出的。

目前基本都是自带驱动安装，我们只需将无线网卡插入 USB 接口即可。而且 Windows 10 系统会自行为我们搜索驱动，使用起来十分便捷。如果是老式的 USB 无线网卡，则需按照上述方法进行手动安装驱动。

（2）连接无线路由器

无线路由器属于一种典型的网络层设备，如图 6-5 所示，它是两个局域网之间按帧传输数据的中介系统，负责完成网络层中继或第三层中继的任务。近年来为了提高通信能力和效率，不少无线路由器还整合了交换机、防火墙等功能。

图 6-6　无线路由器

【实验 6-2】连接无线路由器。

①将无线路由器的电源适配器一端插入电源插孔，另一端插入电源插座，接通电源。然后将网络接入商提供的入户网线，插入无线路由器的广域网（WAN）端口。

②将一根有两个水晶头的网线，一端连接到计算机主机背面的网卡接口，另一端连接到无线路由器的局域网（LAN）端口。

③连接网络设备之后，还需要对无线路由器和客户端进行相应的设置。

（3）配置无线路由器

下面以在 Windows 10 系统下，设置 D-Link 无线路由器为例，介绍无线路由器的设置方法。

【实验 6-3】配置无线路由器。

①打开浏览器，清空地址栏并输入"tplogin.cn"（其他路由器可以看说明）（部分早期的路由器管理地址是 192.168.1.1），并在弹出的窗口中设置路由器的登录密码（密码长度在 6 ～ 32 个字符），该密码用于以后管理路由器（登录界面），需妥善保管，如图 6-7 所示。

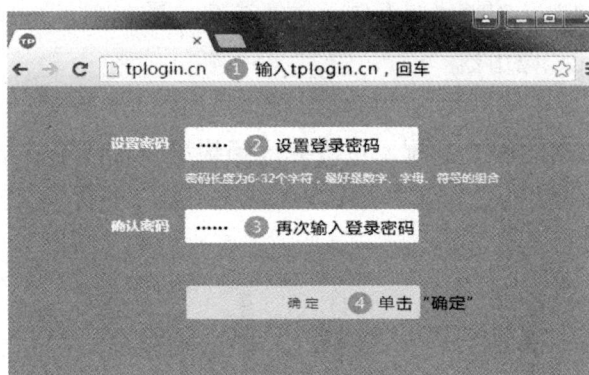

图 6-7　路由器登录页面

②登录成功后，路由器会自动检测上网方式，如图 6-8 所示。

图 6-8　路由器自动检测上网方式

③根据检测到的上网方式，填写该上网方式的对应参数，最后单击下方的"下一步"按钮，如图 6-9 所示（注意：如果检测结果是自动获得 IP 地址 / 固定 IP 地址上网，需按照页面提示进行操作）。

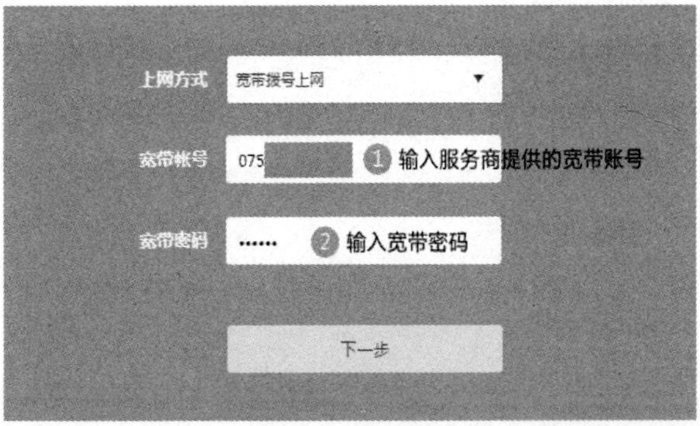

图 6-9　填写参数

④设置无线名称和密码，如图 6-10 所示。

图 6-10　设置无线名称和密码

⑤设置完成，等待保存配置，如图 6-11 所示。

图 6-11　等待保存配置

参考文献

[1] 王磊，宋旺，陆洁齐. 网络综合布线实训教程 [M]. 2 版. 北京：中国铁道出版社，2009.

[2] 莫锦谦，唐志根. 网络综合布线实训案例教程 [M]. 广州：广东科技出版社，2005.

[3] 陈晴. 网络综合布线系统实用教程 [M]. 武汉：中国地质大学出版社，2004.

[4] 张家超，何洪磊. 网络工程与综合布线实用教程 [M]. 北京：中国电力出版社，2004.

[5] 王先国，程汉湘，罗先录，等. 网络综合布线与施工实践教程 [M]. 武汉：武汉理工大学出版社，2010.

[6] 康瑞峰. 网络工程与综合布线实用教程 [M]. 南京：东南大学出版社，2008.

[7] 梁本来，李永亮. 虚拟网络布线实训系统的开发与应用 [J]. 信息与电脑（理论版），2018（6）：91-92.

[8] 李明. 网络综合布线应注意的问题 [J]. 科技风，2018（8）：35-36.

[9] 胡晓频. 计算机网络综合布线系统设计研究 [J]. 电脑迷，2018（3）：13.

[10] 李军. 浅谈综合布线系统双绞线电缆的屏蔽问题 [J]. 信息通信，2018（1）：203-204.

[11] 张弛. 网络综合布线课程在职业院校一体化教学中的实践与体会 [J]. 职业，2018（15）：91-92.

[12] 路琳. 简述智能建筑中弱电工程综合布线系统研究 [J]. 通讯世界，2018（3）：325-326.

[13] 梁启来. 项目式教学法在网络布线设计教学中的应用 [J]. 计算机教育，2017（3）：88-91.

[14] 林军波. 网络综合布线及其相关技术探析 [J]. 信息系统工程，2017（4）：24.

[15] 王鹏. 浅谈智能建筑综合布线系统技术分析 [J]. 门窗，2017（5）：218.

[16] 仇卫军，崔彬. 网络综合布线系统设计中水平布线双绞线的计算 [J]. 信息与电脑（理论版），2017（22）：163-165.

[17] 朱志明. 信息机房施工及综合布线设计技术分析 [J]. 科学技术创新，2017（35）：74-75.

[18] 卓圣杰. 网络综合布线系统的工程设计分析 [J]. 通讯世界，2017（24）：19-20.

[19] 顾欣. 综合布线工程建设国家标准解读 [J]. 工程建设标准化，2017（12）：19-22.